配网计量用互感器性能评价

程富勇　林　聪　著

西南交通大学出版社
·成　都·

图书在版编目（ＣＩＰ）数据

配网计量用互感器性能评价 / 程富勇，林聪著. —
成都：西南交通大学出版社，2022.6
ISBN 978-7-5643-8728-0

Ⅰ. ①配… Ⅱ. ①程… ②林… Ⅲ. ①互感器 – 研究
Ⅳ. ①TM45

中国版本图书馆 CIP 数据核字（2022）第 103027 号

Peiwang Jiliang Yong Huganqi Xingneng Pingjia
配网计量用互感器性能评价

程富勇　林　聪／著

责任编辑／李芳芳
封面设计／何东琳设计工作室

西南交通大学出版社出版发行
（四川省成都市金牛区二环路北一段 111 号西南交通大学创新大厦 21 楼　610031）
发行部电话：028-87600564　　028-87600533
网址：http://www.xnjdcbs.com
印刷：四川煤田地质制图印刷厂

成品尺寸　185 mm×240 mm
印张　13.25　　字数　266 千
版次　2022 年 6 月第 1 版　　印次　2022 年 6 月第 1 次

书号　ISBN 978-7-5643-8728-0
定价　58.00 元

《配网计量用互感器性能评价》
编 委 会

前言

PREFACE

电力互感器是电力系统中的重要器件。它是利用电磁感应原理对电信号进行变换，再向测量仪器、仪表、保护、控制装置或其他类似电器传送信息信号的变压器。

电力互感器从功能角度可分为电流互感器和电压互感器两大类。电力互感器可将高电压变成低电压、大电流变成小电流，用于测量或保护系统，同时还可用于隔离高电压系统，以保证人身和设备的安全。另外，计量用电力互感器与电能表组成的计量装置可用于电能计量。互感器的准确性关系到发、配、供、用间贸易结算的公平性和公正性，其可靠运行关系到电网的用电安全。

正因为电力互感器的重要性，我国对其开展了较为广泛的生产、检验和研究工作。但由于 35 kV 及以下计量用电力互感器生产企业的技术、资金门槛要求不高，而产品需求量大面广，导致目前行业整体呈现产业集中度不高、产品质量良莠不齐等不利局面，也给电力企业带来诸多问题。例如，在生产、检验、采购、运行等环节对产品质量的把控难度较大，运行中 35 kV 及以下计量用互感器质量问题存在较大隐患，因准确性较差而导致的贸易结算纠纷和电网运行不稳定等情况时有发生，故障率较高，甚至出现燃烧或爆炸等危险状况，给电力系统造成了一定程度的损失。

为解决上述问题，不仅需要对运行过程中的电力互感器进行严格的检测，还需要对电力互感器在入网前进行全性能检测。目前 35 kV 及以下计量用互感器绝大多数性能试验仍采用传统的分项独立测试、手动试验、人为经验判断等方式，这些方式存在流程复杂、人工操作环节多、检测效率低、可靠性不高、劳动强度大等弊端，难以满足对其开展多环节、全性能检测的需求，造成全检率和抽检率均不高。结合以上因素，基于现有技术规范开展 35 kV 及以下计量用互感器全流程全性能检测方法的研究势在必行，这也是本书开展相关工作的初衷。

1. 现有电力互感器技术规范体系

我国已对电力互感器制定了一系列技术规范，包括：

- 检定规程《电力互感器》（ JJG 1021—2007 ）；
- 检定规程《三相组合式互感器》（ JJG 1165—2019 ）；
- 国家标准《互感器 第 1 部分：通用技术要求》（ GB/T 20840.1—2010 ）；

- 国家标准《互感器 第 2 部分：电流互感器的补充技术要求》（GB/T 20840.2—2014）；
- 国家标准《互感器 第 3 部分：电磁式电压互感器的补充技术要求》（GB/T 20840.3—2013）。
- 国家标准《互感器 第 4 部分：组合互感器的补充技术要求》（GB/T 20840.4—2015）。

以上标准对互感器的各项性能做了具体要求。

在此基础上，中国南方电网有限责任公司为规范公司计量用互感器的技术标准，明确互感器的外形结构、使用条件、技术要求、绝缘要求和试验项目等，制定并发布了一系列企业规范：

- 《计量用组合互感器技术规范》（Q/CSG 1209009—2016）；
- 《计量用低压电流互感器技术规范》（Q/CSG 1209010—2016）；
- 《35 kV 及以下计量用电流互感器技术规范》（Q/CSG 1209011—2016）；
- 《35 kV 及以下计量用电压互感器技术规范》（Q/CSG 1209012—2016）。

以上技术规范构成了电力互感器的标准体系，成为指导 35 kV 及以下计量用互感器招标采购、检验验收及质量监督等工作的依据。

2. 计量用电力互感器全性能检测研究目标

随着我国各区域及省市中低压配电网的不断发展和完善，35 kV 及以下计量用电力互感器全性能检测需要日益增多，而目前国内相关检测试验技术与平台尚不能完全满足需要。

为不断提高 35 kV 及以下计量用电力互感器检验检测的准确性和有效性，在前述技术规范体系的指导下，并根据中国南方电网有限责任公司"标准化、电子化、自动化、智能化"的战略要求，需要系统性地开展 35 kV 及以下计量用电力互感器全性能一体化试验技术研究，建设集成化程度高、试验效率高、自动化程度高的35 kV 及以下计量用电力互感器全性能检测成套设备，实现对 35 kV 及以下计量用电力互感器进行科学、标准、高效、准确的全性能检测，加强对计量用互感器入网、验收、运行管理及生产监造的管理，提高计量用电力互感器的运行可靠性和计量准确性，保障配电网的安全、稳定、可靠、准确运行。

3. 本书章节及内容安排

本书以 35 kV 及以下计量用电力互感器为研究对象，重点探讨互感器全性能一体化检测技术。全书分为 5 章，包含以下内容：

第 1 章，概述。对 35 kV 及以下配电网络的基本特性进行分析，并探讨配电网中计量用互感器的典型配置方案及基本选型要求。

第 2 章，配网计量用互感器原理与结构。对电压互感器和电流互感器的原理和基本结构进行阐述，并着重分析其绝缘特性、防护特性以及误差构成与抑制方法等。

第 3 章，配网计量用电力互感器关键特性。对电压互感器和电流互感器的误差特性进行深入分析，并从励磁特性、频率特性和传变特性等多方面进行定量计算。

第 4 章，配网计量用互感器性能检测技术。首先对电压互感器和电流互感器的传统性能试验装备与方法进行介绍，并重点阐述电力互感器组合式综合实验平台的构成及工作流程。

第 5 章，配网计量用互感器性能一体化试验案例分析。对基于综合实验平台开展各项试验的方法和流程进行介绍，并对测试指标给出参考范围。

综上所述，本书从原理、结构、特性及试验方法等方面较全面地对计量用电力互感器进行介绍，并重点阐述了电力互感器综合实验平台的构成、使用流程及性能指标，对 35 kV 及以下计量用电力互感器进行科学、标准、高效、准确的全性能检测具有较强的指导意义。

作　者
2022 年 3 月

目 录
CONTENTS

1

概　述

1.1　配网计量装置应用场景

配网计量装置是指应用于配电网中的电能计量装置，是由各种类型的电能表或与计量用电压、电流互感器（或专用二次绕组）及其二次回路相连接组成的用于计量电能的装置，包括电能计量柜（箱、屏）。其中，电能计量装置是指用于测量、记录发电量、供（互供）电量、厂用电量、线损电量和用户用电量的计量器具。电能计量装置是指由电能表（有功、无功电能表，最大需量表，复费率电能表等）、计量用互感器（包括电压互感器和电流互感器）及二次连接线导线构成的总器具。

配电网是指从输电网或地区发电厂接受电能，通过配电设施就地分配或按电压逐级分配给各类用户的电力网。配电网是由架空线路、电缆、杆塔、配电变压器、隔离开关、无功补偿器及一些附属设施等组成的，它是在电力网中起重要分配电能作用的网络。

配电网具有电压等级多、网络结构复杂、设备类型多样等特点，因此可遵循不同原则对其进行分类。

电网电压等级一般可划分为：特高压（电力系统中交流 1 000 kV 及以上的电压等级）、超高压（电力系统中 330 kV 及以上，并低于 1 000 kV 的交流电压等级）、高压（电力系统中高于 1 kV、低于 330 kV 的交流电压等级）、低压（用于配电的交流电力系统中 1 000 V 及其以上的电压等级）4 类。

我国配电系统的电压等级，根据《城市配电网规划设计规范》（GB 50613—2010）的规定,配电网的分类如下：

（1）按电压等级：

配电网可分为高压配电网（6～110 kV）和低压配电配电网（0.4 kV）。

（2）按供电区域：

配电网可分为城市配电网、农村配电网和工厂配电网。

（3）按电网功能：

配电网可分为主网（66 kV 及以上）和配网（35 kV 及以下）。

66 kV（或 110 kV）电网的主要作用是连接区域主干高压（220 kV 及以上）电网。35 kV 及以下配网的主要作用是为各个配电站和各类用户提供电源。10 kV 及以上电压等级的高压用户直接由供电（农电）变电站高压配电装置以及高压用户专用线提供电源。

1.1.1　35 kV 及以下电压等级配电网

根据上述叙述，35 kV 及以下电压等级配电网包括中高压（3～35 kV）配电网和低压配电网，对此进行具体阐述如下。

1.1.1.1　中高压（3～35 kV）配电网

1. 电压选择

用电单位的供电电压由用电容量、设备特性、供电距离、供电线路的回路数量、用电单位的远景规划、当地主干电网现状以及经济合理等因素综合决定。表 1-1 列出了我国 3 kV 及以上交流三相系统的标称电压以及电气设备的最高电压，表 1-2 列出了各级电压线路的送电能力。

表 1-1　3 kV 及以上交流三相系统的标称电压及电气设备的最高电压

系统标称电压/kV	电气设备最高电压/kV
3	3.6
6	7.2
10	12
20	24
35	40

表 1-2　各级电压线路的送电能力

标称电压/kV	线路种类	送电容量/MW	供电距离/km
6	架空线	0.1～1.2	15～4
6	电缆	3	≤3
10	架空线	0.2～2	20～6
10	电缆	5	≤6
35	架空线	2～8	50～20
35	电缆	15	≤20

注：架空线及 6～10 kV 电缆截面面积最大 240 mm²，35 kV 电缆截面面积最大 400 mm²。

配电电压的高低取决于供电电压、用电设备的电压及配电范围、负荷大小和分布情况等。供电电压为 35 kV 及以上的用电单位的配电电压应采用 10 kV，如 6 kV 用电设备总容量较大，配电电压宜选用 6 kV。

2. 接地方式

配电网中性点接地方式与电网的电压等级、单相接地故障电流、过电压水平以及保护配置等有密切关系。中性点接地方式直接影响电网的绝缘水平、供电可靠性与连续性、电网运行安全性以及对通信线路和无线电的干扰。

我国电力系统常用的接地方式有中性点有效接地和非有效接地两大类。接地类型有中性点直接接地、经消弧线圈接地、经电阻接地以及不接地 4 种，按接地电流大小又可分为高阻接地和低阻接地。各种接地方式的具体特点详见 1.1.2 节。

3. 配电方式

根据对供电可靠性的要求、变压器的容量及分布、地理环境等情况，高压配电系统可采用放射式、树干式、环式及其组合方式。

1）放射式

放射式配电网供电可靠性高，故障发生后影响范围较小，切换操作方便，保护系统较为简单，便于自动化，但配电线路和高压开关柜数量多，成本较高。

如图 1-1 所示为单回路放射式配电网典型拓扑图，如图 1-2 所示为双回路放射式配电网典型拓扑图。

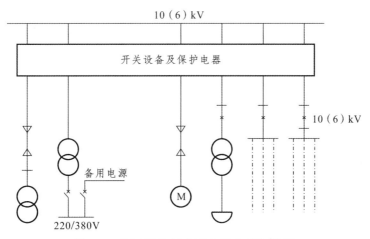

图 1-1　单回路放射式配电网典型拓扑图

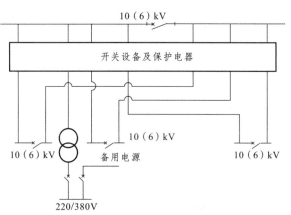

图 1-2 双回路放射式配电网典型拓扑图

2）树干式

树干式配电网配电线路和高压开关数量少，可节省投资，但故障影响范围较大，供电可靠性较差。

如图 1-3 所示为单回路树干式配电网典型拓扑图，如图 1-4 所示为单侧供电双回路树干式配电网典型拓扑图。

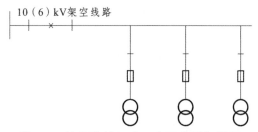

图 1-3 单回路树干式配电网典型拓扑图

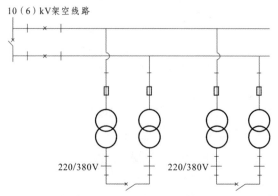

图 1-4 单侧供电双回路树干式配电网典型拓扑图

树干式配电网尚有其他结构形式，可参见相关资料。

3）环　式

环式分为闭路环式和开路环式两种，为简化保护，一般采用开路环式，其供电可靠性较高，运行方式较为灵活，但切换操作较为烦琐。

如图 1-5 所示为单侧供电环式配电网典型拓扑图，如图 1-6 所示为双侧供电环式配电网典型拓扑图。

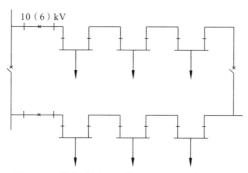

图 1-5　单侧供电环式配电网典型拓扑图

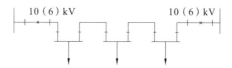

图 1-6　双侧供电环式配电网典型拓扑图

1.1.1.2　低压配电网

1. 电压选择

表 1-3 列出了我国 50 Hz 交流低压设备的额定电压和系统标称电压。

表 1-3　50 Hz 交流低压设备的额定电压和系统标称电压

名称	电压/V
三相受电设备的额定电压和系统标称电压	36、42、100[+]、127[*]、220/380、380/660、1 140[**]
三相供电设备的额定电压	36、42、100[+]、133[*]、230/400、400/690、1 200[**]
单相受电设备的额定电压	6、12、24、36、48、100[+]、127、220、380
单相供电设备的额定电压	6、12、24、36、48、100[+]、130、230、400

注：① 带"＋"符号者只用于电压互感器、继电器等控制系统；
　　② 带"*"符号者只限于矿井下、热工仪表和机床控制系统；
　　③ 带"**"符号者只限于煤矿井下及特殊场合。

2. 带电导体与接地系统

带电导体是指通过正常工作电流的导体，包括相线和中性线，但不包括 PE 线。带电导体系统根据相数和带电导体根数进行分类，其型式如图 1-7 所示。

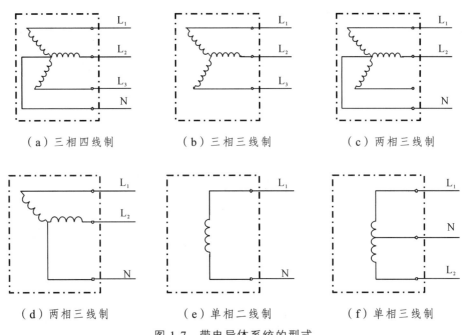

（a）三相四线制　　　　　（b）三相三线制　　　　　（c）两相三线制

（d）两相三线制　　　　　（e）单相二线制　　　　　（f）单相三线制

图 1-7　带电导体系统的型式

接地系统的分类根据电源点的对地关系和负荷侧电气装置的外露导电部分的对地关系进行确定。电气装置是指所有的电气设备及其互相连接的线路组合。外露导电部分是指电气设备的金属外壳、线路的金属支架、套管及电缆的金属铠装等。

接地系统的型式有 TN、TT 和 IT 三种，具体特点详见 1.1.2 节。

3. 配电方式

低压配电网的常见型式分为放射式、树干式、变压器干线式、链式等。

1）放射式

放射式低压配电网配电线路故障互不影响，供电可靠性较高，配电设备集中，检修比较方便，但系统灵活性较差，成本较高。

如图 1-8 所示为放射式低压配电网典型拓扑图。

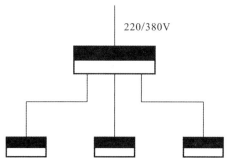

图 1-8 放射式低压配电网典型拓扑图

2）树干式

树干式低压配电网配电设备及有色金属消耗较少，系统灵活性好，但干线故障时影响范围较大。

如图 1-9 所示为树干式低压配电网典型拓扑图。

图 1-9 树干式低压配电网典型拓扑图

3）变压器干线式

变压器干线式除了具备树干式系统的优点外，其接线更简单，可减少大量低压配电设备，但只适用于供电设备较少的情形，一般分支回路数不宜超过 10 个。

如图 1-10 所示为变压器干线式低压配电网典型拓扑图。

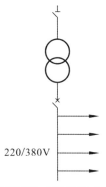

图 1-10 变压器干线式低压配电网典型拓扑图

4）链　式

其特点与树干式相似，适用于距配电屏较远而彼此相距较近的用处较小的小容量用电设备，一般链接的设备不超过 5 台。

如图 1-11 所示为链式低压配电网典型拓扑图。

图 1-11　链式低压配电网典型拓扑图

1.1.2　配网接地、不接地系统

1.1.2.1　接地系统概述

1. 常用术语与基本概念

1）地

能供给或接受大量电荷并用来作为良好参考电位的物体，一般指大地，工程上取"地"电位为零电位。值得注意的是，电子设备中的电位参考点也可称为"地"，但其不一定是与实际大地相连。

2）接　地

接地是将电力系统或电气装置的某些导电部分，经导体连接至"地"的过程。

3）接地极和接地极系统

为提供电气装置至大地的低阻抗通路而埋入地中，并直接与大地形成良好连通的金属导体，称为接地极。兼作接地极用的直接与大地接触的各种金属构件、金属管道、建（构）筑物和设备基础的钢筋等称为自然接地极。

由各接地极、总接地端子或接地母线及它们之间的连接导体组成的系统，称为接地极系统或接地装置。

一般取总接地端子或接地母线为电位参考点。

4）接地线

电气装置的接地端子与总接地端子或接地母线排连接使用的导体，称为接地线。

5）接地系统

接地线和接地极系统的总和，称为接地系统。

6）接闪器

接闪器是指直接截受雷击的避雷针、避雷带（线）、避雷网，以及利用作接闪的金属屋面和金属构件等。它与引下线、接地装置有良好的电气连接。其作用是当雷电直接击中它时，雷电流从其本身通过引下线、接地装置，迅速泄流到大地，从而保护了建筑物和建筑物内的电气设备。

7）引下线

引下线指连接接闪器与接地装置的金属导体。

以上术语可参见图 1-12。

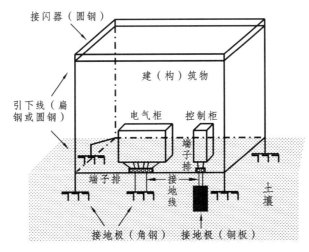

图 1-12　接地系统示意图

2．接地的分类

根据接地的不同作用，接地的分类如下：

1）功能性接地

功能性接地是指用于保证设备（系统）正常工作，或使设备（系统）可靠而正确地实现其功能所做的接地。例如：

（1）工作（系统）接地：根据系统运行需要而设置的接地，如电力系统的中性点接地、电话系统中将直流电源正极接地等。

（2）信号电路接地：为保证电子设备正常运行而设置一个等电位点作为电子设备基准电位，简称信号地。

2）保护性接地

保护性接地是指以人身和设备的安全为目的所做的接地。例如：

（1）保护接地：电气装置的外露导电部分、配电装置的架构和线路杆塔等，由于绝缘损坏有可能带电，为防止带电部分危及人身和设备安全而设置的接地。

（2）防雷接地：为雷电防护装置（如避雷针、避雷线或避雷器等）向大地泄放雷电流而设的接地，用以消除或减轻雷击对人身和设备的伤（损）害。

（3）防静电接地：将静电导入大地以防止危害接地。如对易燃易爆管道、储油储气罐以及电子器件、设备等为防止静电危害设置的接地。

（4）阴极保护接地：使被保护金属表面成为电化学原电池的阴极，以防止该表面被腐蚀而设置的接地。具体做法可采用牺牲阳极法和外部电流源抵消氧化电压法。

3）电磁兼容性接地

电磁兼容性是指使器件、电路、设备或系统在其电磁环境中能正常工作，且不对该环境中任何事物构成不能承受的电磁干扰。为此目的所做的接地称为电磁兼容性接地。

进行屏蔽是电磁兼容性要求的基本保护性措施之一。为防止寄生电容回授或形成噪声电压，需要将屏蔽进行接地，以便电气屏蔽体泄放感应电荷或形成足够的反向电流以抵消干扰影响。

图 1-12 中，建（构）筑物内设电气（控制）室，室内有数台电气柜与控制柜。图中设有以下类型接地：

（1）防雷接地：屋顶装设圆钢作为接闪器，以沿墙面敷设的扁钢或圆钢作为引下线，以埋入土壤的角钢作为接地极。

（2）工作接地：电气设备（系统）设置接地总端子排，用黄绿电缆将电气柜内接地端子连接至总端子排，而后以电缆作为接地线连接至角钢接地极。

（3）信号电路接地：控制设备（系统）设置接地总端子排，用黄绿电缆将控制柜内接地端子连接至总端子排，而后以电缆作为接地线连接至铜板接地极。

（4）保护接地：图 1-12 中，保护接地与工作接地共用接地系统。

3. 联合接地方式

由于多个用于不同目的的接地系统各自分离，其不同电位所带来的危险问题日益严重，不同接地导体间的耦合影响难以避免，因此产生了联合接地方式。

建（构）筑物内常见的接地系统有电气设备的工作接地、保护接地、电子信息设备信号电路接地、防雷接地以及电磁兼容性接地等。联合接地方式是将所有类型接地采用共同的接地系统，并实施等电位联结措施。上述各类接地可以采用单独的接地线，但接地极系统或"等电位面"是共用的。接地装置的接地电阻值必须按接入设备中要求的最小值进行确定。

由于信息技术设备功能上的原因，往往要求在电气装置或系统中增设局部接地极（例如无线电发射装置天线功能接地的接地极），但必须通过等电位联结而形成联合接地，以防止出现不同的电位引起干扰或电击事故。

当采用联合接地方式时，图 1-12 示例的接地方式将调整为如图 1-13 所示的接地方式。

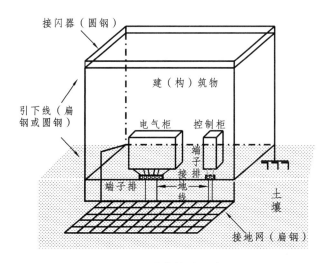

图 1-13　联合接地示意图

4. 主要标准

我国现行与接地相关的国家、行业标准主要如下：

（1）《交流电气装置的接地设计规范》（GB/T 50065）。

（2）《系统接地的型式及安全技术要求》（GB 14050）。

（3）《电气装置安装工程接地装置施工及验收规范》（GB 50169—2016）。

（4）《建筑物防雷设计规范》（GB 50057）。

（5）《交流电气装置的过电压保护和绝缘配合》（DL/T 620）。

1.1.2.2　中高压（3～35 kV）电气装置的接地

1. 3～35 kV 电气装置的接地方式

电力系统（装置）接地方式的选择是一个综合性的问题，应根据供电可靠性要求、电网和线路结构、过电压与绝缘配合、继电保护技术要求、人身及设备安全、对通信及电子设备的电磁干扰、本地的运行经验等进行技术经济分析，权衡利弊后确定适当的接地方式。

根据国家、行业相关标准，3～35 kV 交流电力系统可根据不同的情况选择以下接地方式：

1）不接地

当单相接地故障电容电流不超过以下数值时的如下电力系统采用不接地方式：

（1）10 A：3～10 kV 不直接连接发电机的钢筋混凝土或金属杆塔架空线路构成的系统和所有的 35 kV 系统。

（2）20 A：10 kV 不直接连接发电机的非钢筋混凝土或非金属杆塔的架空线路构成的系统。

（3）30 A：3～6 kV 不直接连接发电机的非钢筋混凝土或非金属杆塔的架空线路构成的系统。

（4）6.3～20 kV 具有发电机的系统，发电机内部发生单相接地故障电流不大于如表 1-4 所示的允许值时，采用不接地方式。

表 1-4　发电机接地故障电流允许值

额定电压 /kV	额定容量 /MW	接地故障电流 允许值/A	额定电压 /kV	额定容量 /MW	接地故障电流 允许值/A
6.3	≤50	4	13.8～15.75	125～200	2
10.5	50～100	3	18～20	≥300	1

注：额定电压为 13.8～15.75 kV 的氢冷发电机为 2.5 A。

2）经消弧线圈接地

当单相接地故障电容电流超过不接地方式下的允许值，但又需在接地故障条件下运行时，采用经消弧线圈接地方式。此时需满足以下要求：

（1）在正常运行情况下，中性点的长时间电压位移不应超过系统标称相电压的 15%。

（2）故障点的残余电流不宜超过 10 A，必要时可将系统分区运行，且消弧线圈宜采用过补偿运行方式。

（3）消弧线圈的容量应根据系统 5~10 年的发展规划确定，并应按式（1-1）计算确定。

$$W = 1.35 I_C \frac{U_n}{\sqrt{3}} \qquad （1-1）$$

式中　　W——消弧线圈容量，kVA；

I_C——接地电容电流，A；

U_n——系统标称电压，kV。

（4）系统中消弧线圈装设地点应符合以下要求：

① 应保证系统在任何运行方式下，断开一、二回线路时，大部分不致失去补偿。

② 不宜将多台消弧线圈集中安装在系统中的某一处。

③ 消弧线圈宜接于 YN,d 或 YN,yn,d 接线的变压器中性点上，也可接在 ZN,yn 接线的变压器中型点上，其容量选择参见相应标准要求。

④ 如变压器无中性点或中性点未引出，则应装设专用接地变压器，其容量应与消弧线圈容量相匹配。

3）经电阻接地

电阻接地方式一般分为高电阻接地和低电阻接地。高电阻接地方式一般用于接地故障电流小于 10 A（电阻值为几百至几千欧姆），低电阻接地方式一般用于接地故障电流 100~1 000 A（电阻值为几至几十欧姆）范围内。此时需满足以下要求：

（1）高电阻接地用于当发电机内部发生单相接地故障要求瞬时切机，电阻器一般接在发电机中性点变压器的二次绕组上。当 6~10 kV 配电系统以及发电厂用电系统、单相接地故障电容电流较小时（一般小于 10 A），为防止谐振、间歇性电弧接地过电压等对设备的损害，可采用高电阻接地方式。

（2）低电阻接地用于 6~35 kV 主要由电缆线路构成的送、配电系统，单相接地故障电容电流较大的情况。但应考虑供电可靠性要求、故障瞬态电压、电流对电气设备的影响、对通信的影响和继电保护技术要求以及本地运行经验等条件。

2. 发电、变电、送电和配电电气装置保护接地的范围

1）应接地的范围

以下电气装置和设施的金属部分均应接地：

（1）电机、变压器和高压电器等的底座和外壳。

（2）电气设备传动装置。

（3）互感器的二次绕组。

（4）发电机中性点柜外壳、发电机出线柜和封闭母线的外壳等。

（5）气体绝缘全封闭组合电器（GIS）的接地端子。

（6）配电、控制、保护用的屏（柜、箱）及操作台等的金属框架。

（7）铠装控制电缆的外皮。

（8）屋内外配电装置的金属架构、钢筋混凝土架构以及靠近带电部分的金属围栏和金属门。

（9）电力电缆接线盒、终端盒的外壳，电缆的外皮，穿线的钢管，各种金属接线盒和电缆桥架等。

（10）装有避雷线的架空线路杆塔。

（11）除沥青地面的居民区外，其他居民区内不接地、经消弧线圈或高电阻接地系统中无避雷线架空线路的金属杆塔和钢筋混凝土杆塔。

（12）装在配电线路杆塔上的开关设备、电容器等电气设备。

（13）箱式变电站的金属箱体。

（14）携带式、移动式电气设备的外壳。

（15）敷线的钢索及起重运输设备轨道。

其中（4）（5）（13）以及发电机基座或外壳；直接接地的变压器中性点；变压器、发电机、高压并联电抗器中性点所接消弧线圈、接地电抗器、电阻器或变压器的接地端子；避雷器、避雷针、避雷线的接地端子均应采用专门敷设的接地线接地。

2）可不接地的范围

以下电气设备和电力生产设施的金属部分可不接地：

（1）安装在配电屏、控制屏和配电装置上的电测量仪表、继电器和其他低压电器等的外壳，当发生绝缘损坏时，在支持物上不会引起危险电压的绝缘子金属底座等。

（2）安装在已接地的金属架构上的设备（应保证电气接触良好），如金属套管等。

（3）直流标称电压220 V及以下的蓄电池室内的支架。

（4）在干燥场所，交流额定电压50 V及以下、直流额定电压110 V及以下的电气设备。

1.1.2.3 低压（3 kV以下）电气装置的接地

1. 低压系统的接地型式

1）接地型式的表示方法

按IEC标准，可用两个字母表征电力系统和电气设备对地的关系。

第一个字母表示电力系统的对地关系：

（1）T——一点直接接地。

（2）I——所有带电部分对地绝缘或一点经阻抗接地。

简而言之，该字母即表征了工作接地的类型。

第二个字母表示设备的外露金属部分的对地关系：

（1）T——外露金属部分对地作直接电气连接，与电力系统的任何接地点无关。

（2）N——外露金属部分与电力系统的接地体作直接电气连接。

简而言之，该字母即表征了保护接地的类型。

另外，还可以用一个字母表示中性线（N）和保护线（PE）的关系：

（1）S——中性线和保护线相互分开。

（2）C——中性线和保护线是合一的。

而保护接零则是中性点接地系统的一种特殊保护方式——将设备外壳连接到中性点（线）上。

2）TN 系统

TN 系统：电源端有一点直接接地（通常是中性点），电气设备的外露可导电部分通过导体连接到此连接点。

根据中性线（N）和保护线（PE）的组合情况，TN 系统的型式分为以下三种：

（1）TN-C 系统：整个系统的 N 线和 PE 线是合一的，如图 1-14 所示。

（2）TN-S 系统：整个系统的 N 线和 PE 线是分开的，如图 1-15 所示。

（3）TN-C-S 系统：系统中一部分线路的 N 线和 PE 线是合一的，如图 1-16 所示（需要特别注意的是，在 TN-C-S 系统中，N 线和 PE 线分开后不允许再合并）。

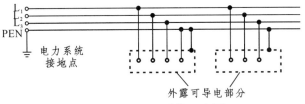

图 1-14　TN-C 系统示意图

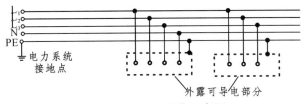

图 1-15　TN-S 系统示意图

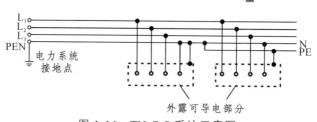

图 1-16　TN-C-S 系统示意图

3）TT 系统

TT 系统：电源端有一点直接接地，电气装置的外露可导电部分直接接地，此接地点在电气上独立于电源端的接地点，如图 1-17 所示。

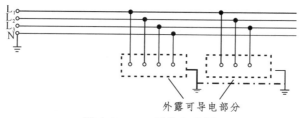

图 1-17　TT 系统示意图

4）IT 系统

IT 系统：电源端的带电部分不接地或有一点通过阻抗接地。电气装置的外露可导电部分直接接地，如图 1-18 所示。

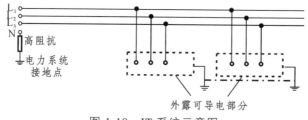

图 1-18　IT 系统示意图

5）系统接地型式的选用

（1）TN-C 系统的安全水平较低，对信息系统和电子设备易产生干扰，可用于有专业人员维护管理的一般性工业厂房和场所。

（2）TN-S 系统适用于设有变电所的公共建筑、医院、有爆炸和火灾危险的厂房和场所、单相负荷比较集中的场所，数据处理设备、电力电子设备比较集中的场所，以及洁净厂房、办公楼、计算站、一般住宅、商店等民用建筑的电气装置。

（3）TN-C-S 系统适用于不附设变电所的上述（2）项中所列建筑和场所的电气装置。

（4）TT 系统适用于不附设变电所的上述（2）项中所列建筑和场所的电气装置，尤其适用于无等电位联结的户外场所，例如户外照明、户外演出场地、户外集贸市场等场所的电气装置。

（5）IT 系统适用于不间断供电要求高和对接地故障电压有严格限制的场所，如应急电源、消防、矿井下电气装置、胸腔手术室以及有防火防爆要求的场所。

（6）由同一变压器、发电机供电的范围内 TN 系统和 TT 系统不能与 IT 系统兼容。分散的建筑物可分别采用 TN 系统和 TT 系统。同一建筑物内应采用 TN 系统或 TT 系统中的一种。

2. 爆炸和火灾危险环境电气装置的接地

1）火灾危险环境的接地

火灾危险环境的接地应满足以下要求：

（1）做等电位联结。

（2）电气装置的外露可导电部分应可靠接地。

（3）接地干线应有不少于两处与接地极连接。

2）爆炸危险环境的接地

爆炸危险环境的接地应符合以下要求：

（1）对前文所述的可不接地的装置，若处于爆炸危险环境，则在以下情况下仍需可靠接地：

① 在木质、沥青等不良导电地面处交流额定电压 380 V 及以下和直流 440 V 及以下电气设备的金属外壳。

② 在干燥环境，交流额定电压为 50 V 及以下，直流电压为 110 V 及以下的电气设备的金属外壳。

③ 安装在已接地的金属结构上的电气设备。

（2）在爆炸危险环境内，电气设备的金属外壳应可靠接地。在 1 区和 10 区内的所有电气设备，2 区内除照明灯具外的其他电气设备，应采用专用的铜芯线作为 PE 线。该 PE 线必须与相线敷设在同一保护管内，应具有与相线同等的绝缘等级。此时爆炸危险环境的金属管线、电缆金属外皮等，只能作为辅助接地线。

（3）为了提高接地的可靠性，接地干线还应在爆炸危险区域的不同方向与接地极相连接。

（4）电气设备的接地极与防直击雷的独立避雷针的接地极应分开设置，且相距适当的距离（例如不小于 20 m），与装设在建筑物上防直击雷的避雷针接地极应合并设置，与防雷电感应的接地装置亦应通过等电位联结共用接地系统。

1.1.2.4 电气装置的接地电阻

电气装置保护接地的接地电阻阻值应根据电气系统的组成情况进行确定，如表 1-5 所示。

表 1-5 电气装置保护接地的接地电阻

系统接地方式	供电公司管理的电气装置（A 类电气装置）	用户管理的电气装置（B 类电气装置）
有效接地（直接接地、低电阻接地）	$R \leqslant \dfrac{2\,000}{I_k}$ 但不应大于 5 Ω	当配电变压器位于建筑物外且建筑物内电气装置未做总等电位联结时，如变电所保护接地与低压系统中性点接地相连，则 $R \leqslant \dfrac{1\,200}{I_k}$，且故障电压切断时间应满足相应标准规范要求； 如配电变压器设于由其供电的建筑物内并已做总等电位联结时，则不存在上述电击和绝缘击穿危险。此时低压侧宜采用 TN-S 系统，高压电气装置应与低压系统中性点接地共用接地装置
非有效接地（不接地、经消弧线圈、高电阻接地）	（1）高压电气装置保护与低压电气装置共用接地装置时，接地电阻为： $R \leqslant \dfrac{120}{I_k}$ 但不应大于 4 Ω； （2）仅用于高压电气装置的接地时，接地电阻为： $R \leqslant \dfrac{250}{I_k}$ 但不应大于 10 Ω	（1）变电所保护接地与低压系统中性点接地共用接地装置时，接地电阻应满足： ① 配电变压器位于建筑物外且建筑物内电气装置未做总等电位联结时，对于 TN 系统： $R \leqslant \dfrac{50}{I_k}$，但不应大于 2 Ω； ② 配电变压器设于由其供电的建筑物内并已做总等电位联结时，若低压侧采用 TN-S 系统，对接地电阻可无要求，但应尽可能低；若低压侧采用 IT 系统，则 $R \leqslant \dfrac{250}{I_k}$，且故障电压切断时间应满足相应标准规范要求； （2）变电所保护接地不与低压系统中性点接地共用接地装置时，则 $R \leqslant \dfrac{250}{I_k}$，且故障电压切断时间应满足相应标准规范要求

1.1.2.5　等电位联结

1．等电位联结的作用

建筑物内的低压电气装置应采用等电位联结，以降低建筑物内间接接触电压和不同金属物体间的电位差；避免自建筑物外经电气线路和金属管道引入故障电压的发生；减少保护电器动作不可靠带来的危险；有利于避免外界电磁场的干扰，改善装置的电磁兼容性。

2．等电位联结的分类

1）总等电位联结

总等电位联结是将建筑物内电气装置外露可导电部分与电气装置外导电部分进行电位基本相等的电气连接。通过进线配电箱近旁的总等电位联结端子板（母排）将下列导电部分互相连通：

（1）进线配电箱的 PE（PEN）母排。

（2）金属管道，如给排水、热力、煤气等干管。

（3）建筑物金属结构。

（4）建筑物接地装置。

建筑物每一电源进线都应做总等电位联结，各个总等电位联结端子板间应互相连通。

2）辅助等电位联结

将导电部分间用导体直接连通，使其电位相等或接近，称为辅助等电位联结。

3）局部等电位联结

在一局部场所范围内将各可导电部分连通，称为局部等电位联结。可通过局部等电位联结端子板将 PE 母线、金属管道、建筑物金属结构等互相连通。

下列情况需做局部等电位联结：

（1）当电源网络阻抗过大，使得自动切断电源时间过长，不能满足防电击要求时。

（2）由 TN 系统同一配电箱供电给固定式和手持式、移动式两种电气设备，而固定式设备保护电器切断电源时间不能满足手持式、移动式设备防电击要求时。

（3）为满足浴室、游泳池、医院手术室等场所对防电击的特殊要求时。

（4）为避免爆炸危险场所因电位差产生电火花时。

（5）为满足防雷和信息系统抗干扰的要求时。

4）等电位联结与接地的关系

接地可以视为以大地作为参考电位的等电位联结，为防电击而设的等电位联结一般均做接地，与大地电位相一致，有利于人身安全。

等电位联结如图 1-19 所示。

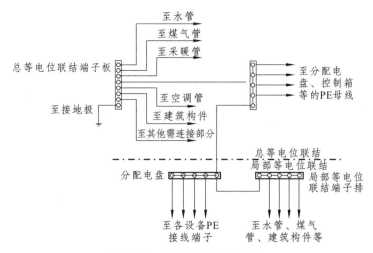

图 1-19　等电位联结示意图

1.1.3　配网电能计量装置典型应用配置

1. 电能计量装置的分类

电能计量装置按其所计量对象的重要程度和管理需要分为五类（Ⅰ、Ⅱ、Ⅲ、Ⅳ、Ⅴ）。分类细则及要求如下：

（1）Ⅰ类电能计量装置：220 kV 及以上贸易结算用电能计量装置，500 kV 及以上考核用电能计量装置，计量单机容量 300 MW 及以上发电机发电量的电能计量装置。

（2）Ⅱ类电能计量装置：110（66）～220 kV 贸易结算用电能计量装置，220～500 kV 考核用电能计量装置，计量单机容量 100～300 MW 发电机发电量的电能计量装置。

（3）Ⅲ类电能计量装置：10～110（66）kV 贸易结算用电能计量装置，10～220 kV 考核用电能计量装置，计量 100 MW 以下发电机发电量、发电企业厂（站）用电量的电能计量装置。

（4）Ⅳ类电能计量装置：380～10 kV 电能计量装置。

（5）Ⅴ类电能计量装置：220 V 单相电能计量装置。

各类电能计量装置准确度等级要求如下：

① 各类电能计量装置应配置的电能表、互感器准确度等级应不低于表 1-6 所列值。

表 1-6　准确度等级

电能计量装置类别	准确度等级			
	电能表		电力互感器	
	有功	无功	电压互感器	电流互感器*
Ⅰ	0.2S	2	0.2	0.2S
Ⅱ	0.5S	2	0.2	0.2S
Ⅲ	0.5S	2	0.5	0.5S
Ⅳ	1	2	0.5	0.5S
Ⅴ	2	—	—	0.5S
* 发电机出口可选用非 S 级电流互感器				

② 电能计量装置中电压互感器二次回路电压降应不大于其额定二次电压的 0.2%。

2. 电能计量装置接线方式

电能计量装置的接线应符合 DL/T 825 的要求。

（1）接入中性点绝缘系统的电能计量装置，应采用三相三线有功、无功或多功能电能表。接入非中性点绝缘系统的电能计量装置，应采用三相四线有功、无功或多功能电能表。

（2）接入中心点绝缘系统的电压互感器，35 kV 及以上的宜采用 Yy 方式接线，35 kV 及以下的宜采用 V/v 方式接线。接入非中性点绝缘系统的电压互感器，宜采用 Y_0y_0 方式接线，其一次侧接地方式和系统接地方式一致。

（3）三相三线制接线的电能计量装置，其 2 台电流互感器二次绕组与电能表之间采用四线连接。三相四线制接线的电能计量装置，其 3 台电流互感器二次绕组与电能表之间应采用六线连接。

（4）在 3/2 断路器接线方式下，参与"和相"的 2 台电流互感器，其准确度等级、型号和规格应相同，二次回路在电能计量屏端子排处并联，在并联处一点接地。

（5）低压供电，计算负荷电流为 60 A 及以下时，宜采用直接接入电能表的接线方式；计算负荷电流为 60 A 以上时，宜采用经电流互感器接入电能表的接线方式。

（6）选用直接接入式的电能表，其最大电流不宜超过 100 A。

3. 配网电能计量方式

配网电能计量装置的典型计量方式有 3 种：高供高计、高供低计和低供低计。

高供高计是指高压供电，同时在高压装置 PT、CT 进行计量，高供低计是指高压供电，在低压侧装置 CT 进行计量，"高供低计""高供高计"均是供给用户的电力为高压，比如 10 kV，一般指专变用户。

高供低计即由高压供电到用户，它的电能计量装置安装在用户电力变压器的低压侧，实行的低压计量，这种计量方式的特点是电力变压器的损耗在计量装置的前面，未包含在计量数据内，而高供高计即由高压供电到用户，它的电能计量装置安装在用户电力变压器的高压侧，实行高压计量。这种计量方式的特点是电力变压器的损耗在计量装置的后面，已包含在计量数据内。在高压供电系统中，一般情况下，当变压器总容量在 630 kVA 及以下时，可以在低压侧计量电度，即为高供低计。

低供低计指电能计量装置设置点的电压与用户供电电压一致的计量方式。不仅适用于农网，在城镇同样适用。

低供低计的使用标准为：

（1）电表额定电压：居民用电（单相电压为 220 V），最大照明用电为 3×380/220 V；

（2）额定电流：5（20）、5（30）、10（40）、15（60）、20（80）和 30（100）A。

低供低计是三相四线制，在计量时可只使用 3 只单相电表计算数值，将各电表数值相加求和，即为最终用电量，十分方便简便。为了更加准确地计量，先采用低供低计的方式，农网一般配置 10 kV 变压数值，同时中性点不能接地，电能表使用上，采用三相三线二元件电能表。

高供高计特点如下：

（1）高供高计的计量方式适用于负荷变动不大、负荷率高、负荷均衡的三班制流水性生产的工矿企业。选用计量表计及互感器应满足精确度要求。

（2）做好用户负荷预测，掌握用户生产性质、生产流程、用电负荷与变化，满足 CT 与负载电流的最佳匹配。

（3）测试 PT 二次压降，满足 PT 二次压降不大于允许值的要求。

（4）表计与互感器要做综合误差测试，不得超标。

（5）装设在计量点的 CT、PT 必须专用，不得与保护、测试仪表共用。

（6）计量点有功表串接 JSY 系列电压失压（断流）计时仪，以便监测供电计量二次回路是否存在失压、断流现象。当发生此现象时，它能自动记录失压、断流时间，使供电部门可根据各相记录时间来计算追补少计电量。

4. 电气测量装置典型配置方案

电气测量装置需根据实际工程项目的要求进行设计和配置，并和测量对象的电气性质相匹配。总体上，根据系统型式的不同，电气测量的基本配置方案可分为"两表法"和"三表法"两种。

1）两表法

两表测量法，简称"两表法"，其典型接线图如图 1-20 所示。

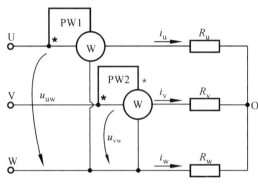

图 1-20　"两表法"典型接线图

图 1-20 中，三相负载按星形方式联结。在 U、V 两相中接入测量仪表，如所接仪表为电能表，将两表读数相加即可得三相负载所消耗电功率之和；如所接仪表为电压表和电流表，则如图示分别测量电压 u_{uw}、u_{vw} 和电流 i_u、i_v，亦可计算得到三相负载电功率，其原理如下：

$$\begin{aligned} u_{uw}i_u + u_{vw}i_v &= (u_u - u_w)i_u + (u_v - u_w)i_v \\ &= u_u i_u + u_v i_v - u_w(i_u + i_v) \end{aligned} \tag{1-2}$$

在三线制系统中，有：

$$i_u + i_v + i_w = 0 \tag{1-3}$$

将式（1-3）代入式（1-2），则有：

$$u_{uw}i_u + u_{vw}i_v = u_u i_u + u_v i_v + u_w i_w \tag{1-4}$$

由式（1-3）可知，"两表法"只可应用于三线制系统中。另据前文所述，三线制系统多为中性点不接地（或经高阻抗接地）型式，由此可知电气测量装置的配置与配电系统型式直接相关。

另外，当负载按三角形联结时情形与此类似，此处不再赘述。

2）三表法

三表测量法，简称"三表法"，其典型接线图如图 1-21 所示。

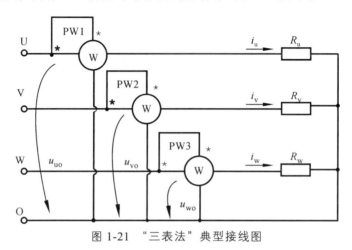

图 1-21 "三表法"典型接线图

图 1-21 中，三相负载按星形方式联结。在 U、V、W 三相中接入测量仪表，如所接仪表为电能表，则将三表读数相加即可得三相负载所消耗电功率之和；如所接仪表为电压表和电流表，则如图示分别测量电压 u_{uo}、u_{vo}、u_{wo} 和电流 i_u、i_v、i_w，亦可计算得到三相负载电功率，其原理与"两表法"一致，此处不赘述。

从前文分析可知，在中性点接地且中性线引出的配电系统中，因式（1-4）不再成立，故需要配置更多的电气测量装置，这在实际工作中是要特别注意的。

某工厂实际电气测量配置方案如图 1-22 所示。

其配置方案为：

（1）10 kV 高压侧。

（a）10 kV 进线。

（b）10 kV 联络线。

（c）10 kV PT 柜。

（d）10/0.38 kV 变压器高压侧开关柜。

（2）0.38 kV 低压侧。

（a）10/0.38 kV 变压器低压侧开关柜。

（b）0.38 kV 联络线。

（c）各 0.38 kV 出线回路。

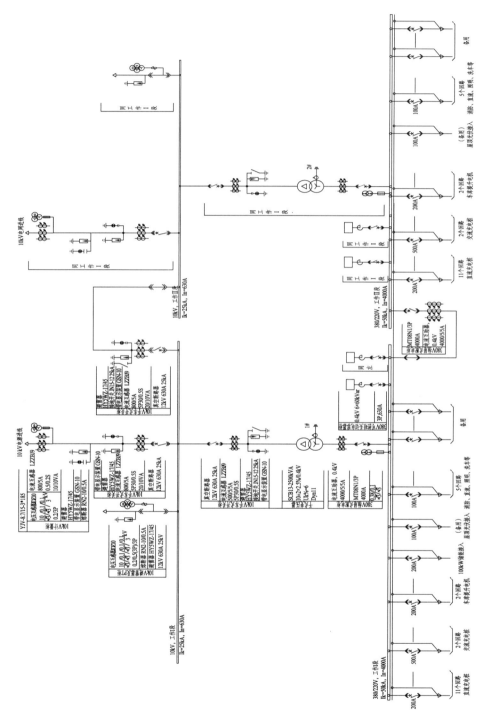

图 1-22 某工厂配电电网电气测量配置方案图

1.2 配网计量用互感器简介

互感器是将高电压变成低电压、大电流变成小电流，用于量测或保护系统。其功能主要是将高电压或大电流按比例变换成标准低电压（100 V）或标准小电流（5 A 或 1 A，均指额定值），以便实现测量仪表、保护设备及自动控制设备的标准化、小型化。同时互感器还可用来隔开高电压系统，以保证人身和设备的安全。

互感器一般分为电压互感器、电流互感器和组合互感器。本小节将对互感器的定义、分类和用途进行简单的介绍。

1.2.1 电压互感器

电压互感器是一种按照电磁感应原理制作的特殊变压器，其结构并不复杂，一般用于变换线路上的电压。变压器变换电压是为了输送电能，因此容量很大，一般以千伏安或兆伏安为计算单位；而电压互感器变换电压，主要是用于给测量仪表和继电保护装置供电，用来测量线路的电压、功率和电能，或用于在线路发生故障时保护线路中的贵重设备、电机和变压器，因此，电压互感器的容量很小，一般都只有几伏安、几十伏安，最大也不超过 1 000 VA。

电压互感器的基本结构和变压器很相似，它也有两个绕组：一个称作一次绕组，另一个称作二次绕组。两个绕组都装在或绕在铁芯上。两个绕组之间以及绕组与铁芯之间都有绝缘，使两个绕组之间以及绕组与铁芯之间都有电气隔离。电压互感器在运行时，一次绕组 N_1 并联接在线路上，二次绕组 N_2 并联接仪表或继电器。因此，在测量高压线路的电压时，尽管一次电压很高，但二次电压为低压，因此可以确保操作人员和仪表的安全。

1.2.1.1 电压互感器的分类和用途

1. 按照工作原理分类

电力系统使用的电压互感器按照工作原理可分为三类：基于电磁感应原理的电磁式电压互感器和电流互感器；基于电容分压原理的电容式电压互感器；电子式电压互感器。

电容式电压互感器是一种由电容分压器和电磁单元组成的电压互感器，在额定使用条件下工作时，电磁单元的二次电压与加到电容分压器上的一次电压基本成正比，且相位差接近零，具有接地电压互感器的功能。

同时电力系统中电压等级达到或超过 330 kV 时，电磁式电压互感器由于绝缘结构制约，制造成本大大提高。因此，在 330 kV、500 kV、750 kV 以及 1 000 kV 的系统电压下，几乎全部采用电容式电压互感器。电容式电压互感器具有体积小、重量轻、绝缘结构合理的优点。

电容式电压互感器，按其电容分压器和电磁单元的组合方式可分为：分装式和单柱式。分装式：电容分压器和电磁单元分别安装，电磁单元有外露套管与分压器的中压端子在外部接线，使用时检测和检修比较方便，但安装占地面积大。单柱式：电容分压器叠装在电磁单元之上，结构紧凑、占地面积小。中压接线封闭在产品内部，是电容式电压互感器的主要结构形式。电磁单元通常是油浸式结构，其补偿电抗器和中间变压器的一次绕组均由多个调节抽头（位于低电位）进行调节，可以将其引出至油箱外的调节板上，便于进行电压误差和相位差的调节。

电磁式电压互感器是依据电磁感应原理将一次侧高电压转换成二次侧低电压进行测量的仪器。电磁式电压互感器由闭合的铁芯和绕组组成。它的一次侧绕组匝数较多，绕组两端接入需要测量电压的端口路中，二次侧绕组匝数比较少，绕组两端接入测量仪表和保护回路中。电磁式互感器根据电磁感应原理变换电压，其原理与基本结构和变压器完全相似，我国多在 220 kV 及以下的电压等级中采用。

电子式电压互感器：由连接到传输系统和二次转换器的一个或多个电压或电流传感器组成的一种装置，用以传输正比于待测量值，供给测量仪器、仪表和继电保护或控制装置。电子式电压互感器的电压等级已达 500 kV。

2. 按照绝缘介质分类

电压互感器按绝缘介质不同可分为干式电压互感器、浇注式电压互感器、油浸式电压互感器和气体绝缘式电压互感器。

干式电压互感器的绝缘材料由普通绝缘材料浸渍绝缘漆组成，一般应用在 500 V 及以下低电压等级的电网，如图 1-23 所示；浇注式电压互感器的绝缘材料由环氧树脂或其他树脂混合材料组成，一般应用在 35 kV 及以下电压等级的电网，如图 1-24 所示；油浸式电压互感器的绝缘材料由绝缘纸和绝缘油组成，在我国是最为常见的结构型式，一般应用在 220 kV 及以下电压等级的电网，如图 1-25 所示；气体绝缘式电压互感器使用 SF$_6$ 气体作为主绝缘，大多用于超高压、特高压领域，如图 1-26 所示。

图 1-23　干式电压互感器

图 1-24　浇注式电压互感器

图 1-25　油浸式电压互感器

图 1-26　气体绝缘式电压互感器

3. 按照用途分类

电压互感器按用途不同大致可分为两类:测量用电压互感器和保护用电压互感器。测量用电压互感器:在正常工作电压范围内,向测量、计量等装置提供配电网及电气装置的工作电压信息。保护用电压互感器:在电网故障状态下,向继电保护等装置提供配电网及电气装置的故障电压信息。

4. 按相数分类

电压互感器按相数不同可分为单相电压互感器和三相电压互感器。绝大多数产品是单相的,因为电压互感器容量小,器身体积不大,三相高压套管间的内外绝缘要求难以满足,所以只有 3 ~ 15 kV 的产品部分情况下采用三相结构。

5. 按使用条件分类

电压互感器按使用条件可分为户内型和户外型。户内型电压互感器：安装在室内配电装置中，一般用在 35 kV 及以下电压等级。户外型电压互感器：安装在户外配电装置中，多用在 35 kV 及以上电压等级。

6. 按磁路结构分类

电压互感器按磁路结构可分为单级式电压互感器和串级式电压互感器。单级式电压互感器的一次绕组和二次绕组（根据需要可设多个二次绕组）同绕在一个铁芯上，铁芯电位为地电位。我国在 35 kV 及以下电压等级均用单级式电压互感器。串级式电压互感器的一次绕组分成几个匝数相同的单元串接在相与地之间，每一单元有各自独立的铁芯，具有多个铁芯，且铁芯带有高电压，二次绕组（根据需要可设多个二次绕组）位置在最末一个与地连接的单元。我国在电压等级 35 kV 及以上常用此种结构型式。

1.2.1.2　电压互感器的使用

1. 电压互感器的选择

在选择电压互感器时，应满足以下原则：

（1）电压互感器的选择应满足一次回路额定电压的要求。

（2）对于 Ⅰ、Ⅱ 类计费用途的电能计量装置，宜按照计量点设置专用电压互感器。

（3）电压互感器的主二次绕组额定二次线电压为 100 V。

（4）按照型式和接线选择电压互感器。工业企业和民用建筑变、配电所常用的几种电压互感器接线如下：

① 采用一个单相电压互感器的接线，供仪表和继电器接于同一个线电压，如用作备用电还原进线的电压监视。

② 采用两个单相电压互感器接成 V 形，供仪表和继电器接于 u-v、v-w 两个线电压，用于主接线较简单的变、配电所。

③ 采用一个三相五柱三绕组电压互感器或三个单相三绕组电压互感器接成 Y, y, d 接线，供仪表和继电器接于三个线电压，剩余电压二次绕组接成开口三角形，构成零序电压过滤器，用于需要绝缘监视的变、配电所。

④ 对中性点非直接接地系统，需要检查和监视一次回路单相接地时，应选用三相五柱或三个单相式电压互感器，其剩余电压二次绕组额定电压应为 100 V/3；对中性点

直接接地系统，电压互感器剩余电压二次绕组额定电压应为 100 V。

（5）电压互感器容量和准确度应按如下原则进行选择：

① 容量和准确度等级应满足测量仪表、保护装置和自动装置的要求，测量与计量仪表对电压互感器准确度的要求详见相关标准的规定。

② 电压互感器二次绕组中所接入的负荷，应在 25% ~ 100% 额定二次负荷的范围内，额定二次负荷的功率因数与实际二次负荷的功率因数 0.8 ~ 1.0 接近。

③ 一般来说，实际使用的电压互感器二次负荷较小，能够满足仪表对电压互感器准确度的要求。若需要校验电压互感器的准确度，应计算出电压互感器的二次回路负荷再进行校验。

2. 电压互感器的设计

在设计电压互感器时，应满足以下原则：

（1）应保证电压互感器负荷端仪表、保护和自动装置工作时所要求的电压准确度。电压互感器二次负荷三相宜平衡配置。

（2）电压互感器的一次侧隔离开关断开后，其二次回路应有防止电压反馈的措施。

（3）对中性点直接接地系统，电压互感器星形接法的二次绕组应采用中性点一点接地方式。中性点接地线中不应串接有可能断开的设备。对中性点非直接接地系统，电压互感器星形接线的二次绕组宜采用 v 相一点接地方式，也可采用中性点一点接地方式。当采用 v 相接地方式时，二次绕组中性点应经击穿保险接地。V 相接地线和 v 相熔断器或自动开关之间不应串接有可能断开的设备。另外还应注意以下几点：

① 对于 V-v 接线的电压互感器，宜采用 v 相一点接地，v 相接地线上不应串接有可能断开的设备。

② 电压互感器剩余电压二次绕组的引出端之一应一点接地，接地引线上不应串接有可能断开的设备。

③ 几组电压互感器二次绕组之间有电路联系或地电流会产生零序电压使保护误动作时，接地点应集中在控制室或继电器室内一点接地。无电路联系时，可分别在不同的控制室或配电装置内接地。

④ 有电压互感器二次绕组向交流操作继电器保护或自动装置操作回路供电时，电压互感器二次绕组之一或中性点应经击穿保险或氧化锌避雷器接地。

（4）在电压互感器二次回路中，除接成开口三角形的剩余电压二次绕组和另有规定者外，应装设熔断器或自动开关。

（5）电压互感器二次侧互为备用的切换，应由在电压互感器控制屏上的切换开关控制。在切换后，控制屏上应有信号显示。中性点非直接接地系统的母线电压互感器，应设有绝缘监视装置及抗铁磁谐振措施。

（6）当电压回路电压降无法满足电能表的准确度要求时，电能表可就地布置，或在电压互感器端子箱处另设电能表专用熔断器或自动开关，并引接电能表电压回路专用的引接电缆，控制室应有该熔断器或自动开关状态的监视信号。

3. 电压互感器典型接线

Vv 接法的电压互感器典型接线图如图 1-27 所示。

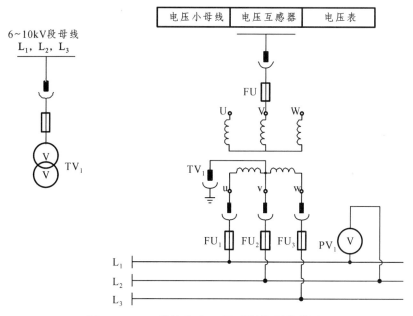

图 1-27　Vv 接法的电压互感器典型接线图

Y, y, d 接法的电压互感器典型接线图如图 1-28 所示。

1.2.2　电流互感器

电流互感器是依据电磁感应原理将一次侧大电流转换成二次侧小电流进行测量的变压器。电流互感器由闭合的铁芯和绕组组成。它的一次侧绕组匝数很少，串在待测量电流的线路中，二次侧绕组匝数比较多，串接在测量仪表和保护回路中。

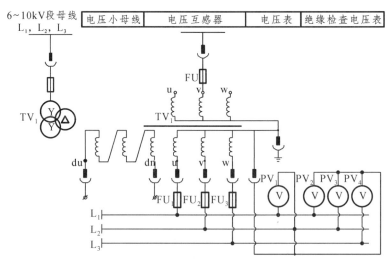

图 1-28　Y, y, d 接法的电压互感器典型接线图

1.2.2.1　电流互感器分类和用途

1. 电流互感器分类

按照用途不同，电流互感器大致可分为两类：

（1）测量用电流互感器：在正常工作电流范围内，向测量、计量等装置提供配电网及电气装置的工作电流信息。

在测量交变电流的大电流时，为便于二次仪表测量需要转换为较为统一的电流(我国规定电流互感器的二次额定为 5 A 或 1 A)，另外线路上的电压都比较高，如直接进行测量是非常危险的行为。电流互感器可起到变流和电气隔离的作用。它是电力系统中测量仪表、继电保护等二次设备获取电气一次回路电流信息的传感器。电流互感器将高电流按比例转换成低电流，电流互感器一次侧接在一次系统，二次侧接测量仪表、继电保护等。

正常工作时互感器二次侧处于近似短路状态，输出电压很低。在运行中如果二次绕组开路或一次绕组流过异常电流（如雷电流、谐振过电流、电容充电电流、电感启动电流等），都会在二次侧产生数千伏甚至上万伏的过电压。这不仅给二次系统绝缘造成危害，还会使互感器过激而烧损，甚至危及运行人员的生命安全。

一次侧只有几匝，导线截面积大，串入被测电路。二次侧匝数多，导线细，与阻抗较小的仪表（电流表/功率表的电流线圈）构成闭路。

（2）保护用电流互感器：在电网故障状态下，向继电保护等装置提供配电网及电气装置的故障电流信息。

保护用电流互感器分为：过负荷保护电流互感器；差动保护电流互感器；接地保护电流互感器（零序电流互感器）。

保护用电流互感器主要与继电装置配合，在线路发生短路过载等故障时，向继电装置提供信号，从而切断故障电路，以保护供电系统的安全。保护用电流互感器的工作条件与测量用电流互感器完全不同，保护用互感器只在比正常电流大几倍或几十倍的电流条件时才开始有效工作。保护用互感器主要要求：绝缘可靠，足够大的准确限值系数；足够的热稳定性和动稳定性。

保护用互感器在额定负荷下能够满足准确度等级要求的最大一次电流叫作额定准确限值一次电流。准确限值系数是指额定准确限值一次电流与额定一次电流的比值。当一次电流足够大时，铁芯会达到饱和而无法起到反映一次电流的作用，准确限值系数即表示这种特性。保护用互感器准确等级 5P 和 10P，表示在额定准确限值一次电流时的允许电流误差为 1% 和 3%，其复合误差分别为 5% 和 10%。

线路发生故障时的冲击电流产生热和电磁力，保护用电流互感器必须承受。在二次绕组短路情况下，电流互感器在 1 s 内能承受而无损伤的一次电流有效值，称为电流互感器的额定短时热电流。二次绕组短路情况下，电流互感器能承受而无损伤的一次电流峰值，称为电流互感器的额定动稳定电流。

2. 按绝缘介质分类

按绝缘介质分类，电流互感器可分为干式电流互感器、浇注式电流互感器、油浸式电流互感器和气体绝缘式电流互感器。

干式电流互感器由普通绝缘材料经浸漆处理起绝缘作用，如图 1-29 所示；浇注式电流互感器是用环氧树脂或其他树脂混合材料浇注成型的电流互感器，如图 1-30 所示；油浸式电流互感器由绝缘纸和绝缘油作为绝缘，一般为户外型，在我国的各种电压等级的电网均较为常用，如图 1-31 所示；气体绝缘式电流互感器使用 SF_6 气体作为主绝缘气体成分，如图 1-32 所示。

按安装方式分类：可分为贯穿式电流互感器、支柱式电流互感器、套管式电流互感器及母线式电流互感器。其中，贯穿式电流互感器是指用于穿过屏板或墙壁的电流互感器；支柱式电流互感器是指安装在平面或支柱上，兼作一次电路导体支柱时用的电流互感器；套管式电流互感器没有一次导体和一次绝缘，是直接套装在绝缘套管上的一种电流互感器；母线式电流互感器没有一次导体但有一次绝缘，是直接套装在母线上使用的一种电流互感器。

图 1-29　干式电流互感器

图 1-30　浇注式电流互感器

图 1-31　油浸式电流互感器

图 1-32　气体绝缘式电流互感器

　　按工作原理分类：可分为电磁式电流互感器和电子式电流互感器。电磁式电流互感器是根据电磁感应原理实现电流变换的电流互感器；电子式电流互感器是一种起测量用的传感器，可分为：光学电流互感器、空心线圈电流互感器以及铁芯线圈式低功率电流互感器，具体介绍如下：

　　（1）光学电流互感器采用光学器件作电流传感器和信号传输介质，光学器件由光学晶体、光纤等构成。

　　（2）空心线圈电流互感器，又称作 Rogowski 线圈式电流互感器。空心线圈往往由漆包线均匀绕制在环形骨架制成，骨架采用塑料、陶瓷等非铁磁材料，其相对磁导率与空气的相对磁导率相同，这是空心线圈有别于带铁芯的电流互感器的一个显著特征。

（3）铁芯线圈式低功率电流互感器（LPCT）。它是传统电磁式电流互感器的一种发展。其按照高阻抗电阻设计，在非常高的一次电流下，饱和特性得到改善，扩大了测量范围，降低了功率消耗，可以无饱和地高准确度测量高达短路电流的过电流、全偏移短路电流，测量和保护可共用一个铁芯线圈式低功率电流互感器，其输出为电压信号。

电磁式电流互感器和电子式电流互感器的使用发展方向：由于电磁式电流互感器存在易饱和、非线性及频带窄等问题，电子式电流互感器逐渐兴起。电子式电流互感器一般具有抗磁饱和、低功耗、宽频带等优点。

国内具有代表性的电子式互感器有 AnyWay 变频电压传感器、AnyWay 变频电流传感器和 AnyWay 变频功率传感器，其中，AnyWay 变频功率传感器属于电压、电流组合式互感器。

电子式电流互感器的主要特点如下：

① 采用前端数字化技术，光纤传输，电磁兼容性好。

② 幅频特性和相频特性好，在宽幅值、频率、相位范围内均可获得较高的测量精度。

③ 属于数字式传感器，二次仪表不会引入误差，传感器误差即系统误差。

按照一次侧接线方式不同分类：可分为普通电流互感器与穿心式电流互感器。

按照铁芯数目分类：可分为单铁芯式电流互感器和多铁芯式电流互感器。

按照使用场所分类：可分为户外式电流互感器和户内式电流互感器。

1.2.2.2　电流互感器的使用

1. 电流互感器的选择

在选择电流互感器时，应满足以下原则：

（1）电流互感器的选择除应满足一次回路的额定电压、最大负荷电流及短路时的动、热稳定电流要求外，还应满足二次回路测量仪表、继电保护和自动装置的要求。

（2）电流互感器的准确度应满足测量与计量装置的要求。

（3）当一个电流互感器的回路内有几个不同型式的仪表时，其准确度等级应按要求最高的仪表确定。

（4）对于 I、Ⅱ类计费用的电能计量装置，宜按计量点设置专用电流互感器或二次绕组。

（5）电流互感器额定一次电流宜按正常运行下实际负荷电流的 1.5 倍选用。

（6）对于正常负荷电流小，变化范围大（如 1%～120%额定电流）的回路，宜选用特殊用途（S 型）电流互感器。

（7）电流互感器的额定二次电流可选用 5 A 或者 1 A 的规格，220 kV 及以上电压等级宜选用 1 A 规格。

（8）电流互感器二次绕组中所接入的负荷应在 25% ~ 100% 的额定二次负荷范围内。

（9）电流互感器在二次负荷大小不同时准确度也有不同。制造厂给出的电流互感器二次负荷数据，通常以电阻表示，也可使用视在功率表示，两者关系为：

$$I_{2n}^2 \cdot Z_{2y} = S_{2n} \tag{1-5}$$

式中　I_{2n} ——电流互感器的二次额定电流，A；

　　　Z_{2y} ——电流互感器的二次回路允许负荷，Ω；

　　　S_{2n} ——电流互感器的二次额定负荷，VA。

在 35 kV 及以下电压等级配电网中，常选用二次额定电流为 5 A 的电流互感器，故式（1-5）可改写为：

$$S_{2n} = 25 \cdot Z_{2y} \tag{1-6}$$

校验电流互感器的准确度时，其实际二次负荷应按式（1-7）计算：

$$Z_{2s} = K_{jx1} \cdot R_{dx} + K_{jx2} \cdot Z_{yb} + R_{jc} \tag{1-7}$$

式中　Z_{2s} ——电流互感器的二次回路实际负荷，Ω。

　　　K_{jx1} ——导线接线系数，见表 1-8。

　　　R_{dx} ——连接导线的电阻，Ω。

　　　K_{jx2} ——仪表或继电器接线系数，见表 1-7。

　　　Z_{yb} ——测量与计量仪表线圈的阻抗，Ω。

　　　R_{jc} ——接触电阻，一般可取 0.05 ~ 0.1 Ω。

表 1-7　电流互感器接线系数表

电流互感器接线方式		K_{jx1}	K_{jx2}	备注
单相		2	1	
三相星形		1	1	
两相星形	$Z \neq 0$	$\sqrt{3}$	$\sqrt{3}$	Z 为中性线回路的负荷阻抗
	$Z = 0$	$\sqrt{3}$	1	
两相差接		$2\sqrt{3}$	$\sqrt{3}$	
三角形		3	3	

2. 电流互感器的设计

在设计电流互感器时，应满足以下原则：

（1）当几种仪表接在电流互感器的同一个二次绕组时，其接线顺序宜先接指示和计算仪表，再接记录仪表，最后接发送仪表。

（2）当电流互感器二次绕组接有常测与选测仪表时，宜先接常测仪表，后接选测仪表。

（3）直接接于电流互感器二次绕组的一次测量仪表，不宜采用开关切换检测三相电流，必要时应有防止电流互感器二次侧开路的保护措施。

（4）测量表计和继电保护不宜共用电流互感器的同一个二次绕组，如受条件限制不得不共用时，应采取下列措施之一：

① 保护装置接在仪表之前，中间加装电流试验部件，以避免仪表检验影响保护装置正常工作。

② 加装中间电流互感器将仪表与保护装置从电路上隔开，中间电流互感器的技术特性应满足仪表和保护的需求。

（5）电流互感器的二次绕组的中性点应有一个接地点，测量用二次绕组应在配电装置处接地，和电流的两个二次绕组的中性点应并接后一点接地。

（6）电流互感器二次电流回路的电缆芯线截面，应按电流互感器的额定二次负荷来计算，二次回路额定电流为 5 A 不宜小于 4 mm^2，为 1 A 时不宜小于 2.5 mm^2。

1.2.3　组合互感器

组合互感器又称组合式电流电压互感器，由电流互感器和电压互感器组合而成，将电流互感器和电压互感器在同一个密闭的容器里组合使用，多安装于高压计量箱、柜，用作计量电能或用电设备继电保护装置的电源，35 kV 及以下三相组合互感器主要用于电能计量装置。

组合式电流电压互感器是将两台或三台电流互感器的一、二次绕组及铁芯和电压互感器的一、二次绕组及铁芯，固定在钢体构架上，浸入装有变压器油的箱体内，其一、二次绕组出线均引出，接在箱体外的高、低压瓷瓶上，形成绝缘、封闭的整体。一次侧与供电线路连接，二次侧与计量装置或继电保护装置连接。根据不同需要，组合式电流电压互感器分为 V/V 接线和 Y/Y 接线两种，以计量三相负荷平衡或不平衡时的电能。

1.2.3.1　组合互感器的分类及用途

1. 按相数分类

组合互感器可由一个电压互感器和一个电流互感器组合，用于测量单相功率；可由两个电压互感器和两个电流互感器组合，用于在三相三线制中按两瓦计法测量三相功率；也可由三个电压互感器和三个电流互感器组合，用于三相电测量。

2. 按结构分类

从结构形式看，三相组合互感器有三相一体型和三相分体型。

3. 按绝缘形式分类

从绝缘形式看，组合互感器有浇注式组合互感器和油浸式组合互感器，但目前实际使用中大都是浇注式。

4. 根据连接方式及应用场合分类

根据连接方式及应用场合分，可将三相组合式互感器分为四类，其接线原理具体如图 1-33 所示。

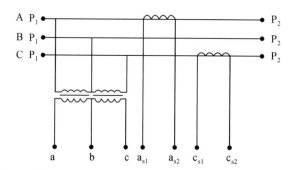

（a）V 联结电压互感器和两相电流互感器三相组合互感器

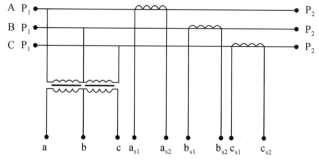

（b）V 联结电压互感器和三相电流互感器三相组合互感器

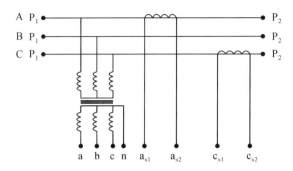

（c）Y 联结电压互感器和两相电流互感器三相组合互感器

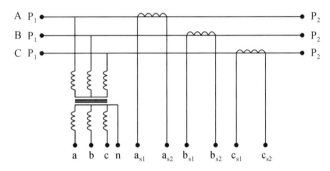

（d）Y 联结电压互感器和三相电流互感器三相组合互感器

图 1-33　配网计量用组合互感器接线原理图

1.2.3.2　组合互感器的使用

三相组合互感器测量区间按照《三相组合互感器》（JJG 1165—2019）检定规程的要求进行确定。

1.3 配网计量用互感器问题分析

1.3.1　电压互感器常见问题分析

1.3.1.1　电压互感器的误差影响分析

电压互感器的误差分为比值误差和相角误差两类。

电磁式电压互感器向量图如图 1-34 所示。

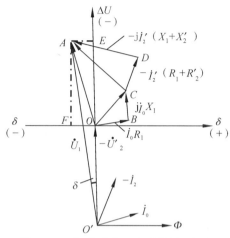

图 1-34 电磁式电压互感器向量图

其中二次侧各量均折算到一次侧，为使图面表达清晰，图中放大了各阻抗压降部分的比例，并画出一条角误差的轴线（－）δ——（＋）δ。从图 1-34 可知：$O'A$ 为一次侧电压相量 U_1，是以下三部分电压的相量和：

（1）反方向的二次电压向量即 $-U'_2$。

（2）励磁电流（即空载电流）I_0 在一次侧绕组的漏阻抗上的压降，即 $I_0(R_1 + jX_1)$。

（3）反方向的二次侧电流向量在原、副绕组漏阻抗的电压降之和，即 $-I'_2[(R_1 + R'_2) + j(X_1 + X'_2)]$。

根据向量图及上述分析可知影响互感器误差的因素有：

（1）原、副绕组的电阻 R_1、R'_2 和漏抗 X_1、X'_2。

（2）空载电流 I_0。

（3）二次侧负载电流的大小 I'_2 及其功率因数 $\cos\varphi_2$。

其中前两个因素与制造有关，第三个因素决定于工作条件，即与二次侧负载有关。当二次侧电流增大功率因数 $\cos\varphi_2$ 降低时，误差也将随之增大。

一般将互感器线圈的匝数、内阻和漏抗，铁芯的截面、导磁性能等归为影响互感器误差的内部因素，而将二次回路电流、二次回路负载大小、功率因数及频率等归为影响互感器误差的外部因素。

为确保互感器测量误差符合标准规范要求，应尽量使其运行于其线性工作区，因此一般需要满足以下条件：

（1）一次电流条件：电流互感器应保证其正常负荷电流运行在其额定值的 60% 左右，至少不应小于 30%，但不得超过 120%。

（2）二次负荷条件：互感器实际二次负荷功率因数应与额定二次负荷功率因数接近。

但在实际生产中，经常出现不满足前述条件而造成误差增大的情况，例如：

（1）在某些应用场合，出现了实际运行情况与设计方案不完全吻合的情况，使得一次电流过小或过大。

（2）在某些应用场合，电流互感器与电能计量装置的距离可能很远，或电流互感器二次回路导线截面选择过小，抑或是接入了其他与电能计量无关的设备，从而导致实际二次回路负荷超过额定值。

（3）在某些应用场合下，变电站的电能计量装置多使用母线公用电压互感器，其二次回路可能接入多个电能表，或接入了其他与电能计量无关的设备，从而导致实际二次回路负荷超过额定值。

（4）在某些应用场合，互感器运行年限较长，出现导线老化、破损或接点锈蚀、松动等故障问题，又缺乏有效技术手段进行实时监测，导致实际二次回路负荷超过额定值。

（5）在某些应用场合，因改造、扩建或维修造成互感器二次回路设备增减或变更，导致实际二次回路负荷发生变化。

为确保互感器误差满足计量要求，可以从设计生产与运行使用两个方面采取相关措施。

1. 设计生产相关措施

（1）采用高导磁率的材料制作铁芯，可减小比差与角差，且可降低铁芯饱和对互感器的不利影响。

（2）可适当增加铁芯截面，缩短磁路长度，增加线圈匝数，但必须考虑对饱和倍数的影响。

（3）可适当增加互感器变比。

2. 运行使用相关措施

（1）在设计源头确保互感器一次电流满足线性工作区的要求，并对实际运行电流进行常态化监测，必要时应更换互感器。

（2）在设计源头确保互感器二次电流符合其额定值要求，合理设计二次回路导线长度与截面积，确保二次回路中不接入与电能计量无关的设备。

（3）应高度重视互感器二次侧功率因数问题，确保二次回路功率因数与其额定值相符。目前来看，互感器二次侧的设备种类日益丰富，其功率因数范围较大，需根据实际情况选择合适的互感器。

另外，互感器在投入使用前需要进行误差校验，以确保其精度满足国家及行业相关标准规范的要求，其校验方法与性能评价体系是互感器行业的一个研究热点。

1.3.1.2 电压互感器的接线问题分析

相比于电流互感器，电压互感器的接线复杂，需要根据配电系统结构及用户需求进行确定，因此，常出现因接线错误而导致测量结果失准。如图 1-35 所示展示了几种典型的电压互感器接线。

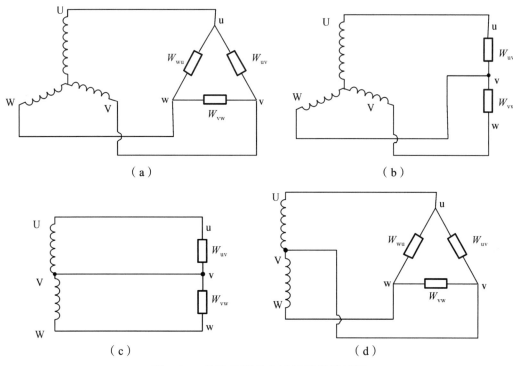

图 1-35　几种典型的电压互感器接线图

图 1-35（c）展示出了两个单相电压互感器接成 V-V 接线方式。此种接线方式下电压互感器的一次绕组不能接地，二次绕组为了安全起见，一端是接地的。这种接线方式用于中性点非直接接地或经消弧线圈接地的配电网中，具有以下特点：

（1）只用两个单相电压互感器即可取得对称的三个线电压。

（2）无法测量相电压。

为确保电压互感器及相关的电能计量装置工作正常，工程技术人员必须熟练掌握各种不同的接线方式及其适用场合。

电流互感器接线较简单，此处不再赘述。

1.3.2　电流互感器常见问题分析

1.3.2.1　电流互感器的误差分析

电流互感器的误差分为比值误差和相角误差两类。

电流互感器相当于一个阻抗很小的变压器，其一次绕组与一次主电路串联，二次绕组接入负荷（测量、保护、控制等）。由于二次绕组存在阻抗、励磁阻抗和铁芯损耗等，故随着电流及二次负载阻抗和功率因数的变化，会产生不同的误差。

1. 铁芯饱和影响分析

当电流互感器流过较小的电流时，由于其铁芯尚未饱和，电流互感器的二次绕组电流 I_2 随一次绕组电流 I_1 呈近似线性关系变化。但当电力系统发生故障，特别是短路事故而引起继电保护动作时，流过电流互感器一次绕组的电流将可能比其额定电流大许多倍，此时铁芯饱和，励磁电流迅速增大，使得电流互感器的误差急剧放大，以致危及继电保护的灵敏性和选择性。电流互感器一次电流与二次电流的关系曲线如图 1-36 所示。

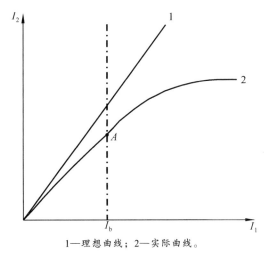

1—理想曲线；2—实际曲线。

图 1-36　电流互感器一次电流与二次电流的关系曲线

图 1-36 中，曲线 1 为电流互感器的理想曲线，曲线 2 为实际工作曲线。当一次绕组电流 I_1 较小时，二次电流 I_2 呈近似线性变化，误差可满足限值要求。但当一次电流超过一定值时（图中为 I_b），曲线 2 不再近似为直线，导致误差迅速放大。

为解决上述问题，先后出现了多种方法，如 10%倍数曲线、伏安特性曲线等。目前 10%倍数曲线在实际工程中应用较广，基本能满足继电保护的灵敏性和选择性要求。

1.3.2.2 电流互感器的剩磁影响分析

当电力系统发生短路故障时，会产生较大的短路电流，尤其是在电磁暂态过程中，当短路电流中含有较大的直流非周期分量时，电流互感器的铁芯可能产生严重的饱和现象。如图 1-37 所示为暂态过程时电流互感器铁芯中的磁通波形，展示了一个完全偏移的电流加在带电阻性负载的电流互感器中时铁芯磁通增长的情况。

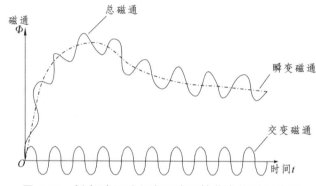

图 1-37 暂态过程时电流互感器铁芯中的磁通波形

在二次负荷为纯电阻的情况下，如果磁感应远超磁通饱和密度，将产生严重失真的二次电流，可能出现以下几种情形：

（1）在发生短路的开始阶段，即短路的第一或第二个周波内，由于铁芯尚未饱和，二次电流可能正确传变一次电流。

（2）当铁芯很快进入饱和时，二次电流即出现缺损现象。如果二次负荷为纯电阻时，二次电流很快从较大的瞬时值下降至零；如负载中存在较大的电感时，二次电流下降至零的速度变缓。

（3）当一次电流的瞬时值由负半波趋向正半波时，电流互感器二次电流可正确反映一次电流，在过零点上电流互感器的一、二次电流相位一致。

形成上述现象的主要原因是在无气隙的电流互感器铁芯中有剩磁存在。对于使用普通冷轧硅钢片作铁芯的电流互感器，常常在一次严重的短路事故后，在铁芯中留有较高的剩磁，故在下一次短路发生时，如剩磁的符号与非周期分量产生的磁通符号相同，铁芯将会很快饱和。

由于大多数电磁型继电器的负载阻抗为感性，剩磁约为峰值的 50%，大多数晶体管型继电器为电阻性负荷，在故障出现后电流互感器的剩磁可能接近峰值。由于前述剩磁的存在，在下一次故障时，将可能引起继电器的不正确动作。在一般高压系统中，由于短路时间常数很小，短路电流很快进入稳态，而继电保护动作并断开断路器的时间约在 0.2 s 以上。因此，对电流互感器仅按稳态误差不超过 10%的要求即可。但在超（特）高压系统中，特别是 500 kV 及以上的电力系统，过渡过程由于有功损耗小，衰减时间可达十几毫秒，为保证系统的动态稳定，通常要求快速保护在 1~2 周波之内动作，因而在如图 1-37 所示的非周期分量尚未衰减时即要求电流互感器能正确地传变一次电流。

为解决这一问题，目前已出现了带气隙的电流互感器，它可有效降低剩磁的不利影响，但也存在如下缺点：

（1）由于励磁阻抗较小，励磁电流增大，因而增加了电流互感器的稳态误差。

（2）在 3/2 断路器接线中，当失灵保护的电流启动元件被接入测量电流的电流互感器回路时，若其中任一电流互感器二次回路故障，则有可能引起故障时失灵电流启动元件的误判断，而使失灵保护误跳闸而造成严重后果。

（3）电流互感器二次回路的时间常数大，二次电流衰减慢，使保护装置的返回时间延长。因此，需要相应增大失灵保护和一段后备保护的动作时间。

除前述外，电流互感器还有一些其他问题，比如二次侧检修不便等问题，本章不做赘述。

1.3.3　组合互感器常见问题分析

组合互感器实际是由电压互感器和电流互感器组合而成的，因此，电压互感器和电流互感器的问题在组合互感器中也存在，在此不再赘述。下面主要讲述组合互感器误差测量影响量问题分析。

由于三相组合互感器将电压、电流互感器组装在一个狭小空间内，在实际工况下，三相回路中的电流和电压互感器单元均处于励磁状态下工作，它们之间很容易存在电磁耦合，电流互感器通过磁场影响电压互感器的误差测量特性，而电压互感器则通过电场影响电流互感器的误差测量特性。因此，电磁耦合主要因电流互感器与电压互感器间存在的互感和电容导致，这将对互感器计量的准确性带来较大影响。长期以来，三相三元件组合互感器的误差特性采用单相法检测，但由于其不能模拟互感器的实际工况，未考虑电流与电压互感器同时励磁时相互之间的电磁耦合所导致的附加误差，因此，其检测结果并不能准确反映三相三元件组合互感器的真实误差特性。间接法虽然考虑了电磁耦合对互感器误差的影响，但依据该方法得到的互感器的误差最大范围仍不能反映其实际工况下的真实误差，对组合互感器的准确计量造成不利影响。因此，目前组合互感器的计量的主要问题是不能准确地对其进行校验。

1.3.4 互感器安全问题分析

除前述的互感器计量问题外，在实际工作中，还存在一定的安全隐患，最为常见的是绝缘与防爆等方面的问题。

在各类电网设备事故中，互感器的爆炸事故时有发生，严重时会造成大面积停电，造成的损失和影响很大，威胁电网的安全运行。从事故原因看，既有互感器自身质量特别是绝缘材料方面的问题，又有运行使用不当的问题。

一般电磁式互感器按绝缘介质可分为干式、浇注式、油浸式和气体绝缘式。干式互感器使用经过浸漆处理的普通绝缘材料作为绝缘；浇注式互感器使用环氧树脂或其他树脂混合材料浇注成型；油浸式互感器使用绝缘纸和绝缘油作为绝缘；气体绝缘式电流互感器指使用 SF_6 气体作为主绝缘的电流互感器。

在互感器生产制造中，应采取以下措施：

（1）在设备制造过程中，导线、绝缘材料应严格选用，且加强制造过程中的质量监督。

（2）互感器制造厂应采取防爆措施，如加装金属膨胀器、加装压力释放薄膜等。

（3）电压互感器的二次侧应安装过载保护，这样可在互感器发生低压短路时自动切除负载或限制电流，以保护互感器自身的安全。

在互感器运行使用中，应采取以下措施：

（1）互感器投运前应仔细检查其密封状况与绝缘情况。

（2）互感器端子电气联结应接触良好，防止过热性故障，所受的机械力不应超过允许值。

（3）对互感器温度进行密切关注，有条件时应进行实时在线监测。

（4）谨防电压互感器二次短路。应经常性检查其二次绝缘情况，防止由电磁扰动引起铁磁谐振的发生。

（5）电压互感器二次开口三角形绕组两端应接入阻尼电阻，从而减弱谐振能量，防止产生过大的过电压和过电流。

配网计量用互感器原理与结构

2.1 配网计量用电压互感器

本节对配网计量用电压互感器的原理与结构进行介绍，在此基础上对电磁式电压互感器的误差构成及计算进行分析；其次本节讨论了电压互感器的绝缘特性与安全防爆措施；最后简要介绍了电子式电压互感器的原理和相关特点。

2.1.1 电磁式电压互感器的原理

根据前文所述，配电网中广泛采用电磁式电压互感器，其工作原理与变压器类似，依据电磁感应原理将一次侧高电压转换成二次侧低电压进行测量。电磁式电压互感器由闭合的铁芯和绕组组成。其一次侧绕组匝数较多，绕组两端接入待测量电压的端口路中，二次侧绕组匝数较少，绕组两端接入测量仪表和保护回路。电磁式电压互感器原理接线图如图 2-1 所示，其特点如下：

（1）一次绕组与被测电路并联，二次绕组与测量仪表和保护装置的电压线圈并联。

（2）容量很小，类似一台小容量变压器，但结构上要求有较高的安全系数。

（3）二次侧负荷为恒定，测量仪表和保护装置的电压线圈阻抗很大，正常情况下，电压互感器近于开路（空载）状态运行。

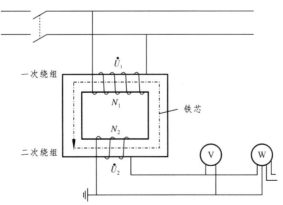

图 2-1　电磁式电压互感器原理接线图

电压互感器一、二次绕组的额定电压 U_{N1}、U_{N2} 之比称为额定互感比，用 k_u 表示。与变压器相同，k_u 近似等于一、二次绕组的匝数比，即：

$$k_u = \frac{U_{N1}}{U_{N2}} \approx \frac{N_1}{N_2} \qquad (2\text{-}1)$$

U_{N1}、U_{N2} 已标准化（U_{N1} 等于电网额定电压 U_{NS} 或 $U_{NS}/\sqrt{3}$，U_{N2} 统一为 100 V 或 $100/\sqrt{3}$ V），故 k_u 也已标准化。

当电压互感器安装在中性点非直接接地系统中，与此同时，系统的运行状态发生突变，这时就有可能出现铁磁谐振情况。为了限制和消除此类铁磁谐振，可在电压互感器上装设消谐器，也可在开口三角端子上接入电阻或白炽灯泡。

电压互感器严禁发生短路，一旦发生短路，应当采用熔断器保护。110 kV 及以上电压等级电压互感器一次侧不装设熔断器，直接接入电力系统。35 kV 及以下电压等级电压互感器一次侧通过熔断器接入电力系统，该熔断器可以带或不带限流电阻。电压互感器的一次电流很小，而熔断器最小截面只能依据机械强度进行选取，因此，它只能保护高压侧，即当且仅当一次绕组由于短路才能熔断，而二次绕组发生短路和过负荷时，高压侧熔断器不会有可靠动作，所以在二次侧仍需要装设熔断器，使二次侧有过负荷和过电流保护。

但需要注意在以下几种情况下，不能装设熔断器：

（1）中性线、接地线不准装熔断器。

（2）辅助绕组接成开口三角形的一般不装熔断器。

（3）V 形接线中，b 相接地，b 相不准装熔断器。

在二次电压不变的情况下，电流随着阻抗的减小而增大。当电压互感器二次回路发生短路时，二次回路的阻抗将接近零，二次电流将变得非常大，如果此时没有采取保护措施，就会烧坏电压互感器。因此，电压互感器的二次回路不可短路。

2.1.2　电磁式电压互感器的结构

配网计量用电磁式电压互感器在结构上主要由一次绕组、二次绕组、铁芯、绝缘等组成。

1. 浇注式

JDZ-10 型浇注式单相电压互感器外形如图 2-2 所示。其铁芯为三柱式，一、二次绕组为同心圆筒式，连同引出线用环氧树脂浇注成整体，并固定在底板上；铁芯外露，为半封闭式结构。

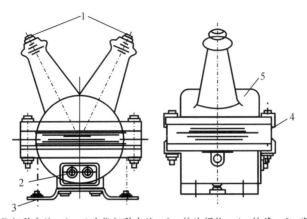

1—一次绕组引出端；2—二次绕组引出端；3—接地螺栓；4—铁芯；5—浇注体。

图 2-2　JDZ-10 型浇注式单相电压互感器

2．油浸式

（1）普通结构油浸式电压互感器由二次绕组与一次绕组完全相互耦合，与普通变压器一样。

JDJ-10 型油浸式单相电压互感器如图 2-3 所示，其器身固定在油箱盖上并浸在油箱的油中，一、二次绕组的引出线分别经高、低压瓷套管引出。

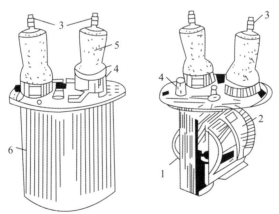

1—铁芯；2—一次绕组；3—一次绕组引出端；4—二次绕组引出端及低压套管；
5—高压套管；6—油箱。

图 2-3　JDJ-10 型油浸式单相电压互感器

JSJW-10 型油浸式三相五柱电压互感器的外形及结构示意图如图 2-4 所示。铁芯的中间三柱分别套入三相绕组，两边柱作为单相接地时零序磁通的通路；一、二次绕组均为 YN 接线，剩余绕组为开口三角形接线。

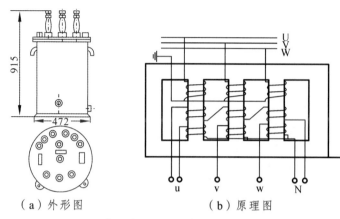

（a）外形图　　　　　　　　（b）原理图

图 2-4　JSJW-10 型油浸式三相五柱电压互感器外形及结构示意图

（2）串级油浸式电压互感器一次绕组由匝数相等的几个绕组元件串联而成，最下方一个元件接地，二次绕组只与最下方一个元件耦合。

JCC-220 型串级式电压互感器外形及结构示意图如图 2-5 所示。互感器的器身由两个铁芯（元件）、一次绕组、平衡绕组、连耦绕组及二次绕组构成，装在充满油的瓷箱中；一次绕组由匝数相等的四个元件组成，分别套在两个铁芯的上、下铁柱上，并按磁通相加方向顺序串联，接于相与地之间，每个铁芯上绕组的中点与铁芯相连；二次绕组绕在末级铁芯的下铁柱上。

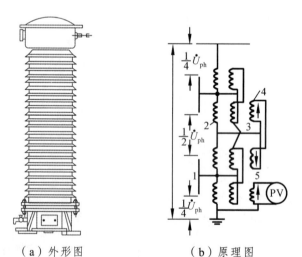

（a）外形图　　　　　　　　（b）原理图

1—铁芯；2—一次绕组；3—平衡绕组；4—连耦绕组；5—二次绕组。

图 2-5　JCC-220 型串级式电压互感器外形及结构示意图

当二次绕组开路时，各级铁芯的磁通相同，一次绕组的电位分布均匀，每个绕组元件的边缘线匝对铁芯的电位差都是 $U_{ph}/4$（U_{ph} 为相电压）；当二次绕组接通负荷时，由于负荷电流的去磁作用，使末级铁芯的磁通小于前级铁芯的磁通，从而使各元件的感抗不等，电压分布不均匀，准确度等级下降。为避免这一现象，在两铁芯相邻的铁芯柱上，绕有匝数相等的连耦绕组（绕向相同，反向对接）。这样，当每个铁芯的磁通不等时，连耦绕组中出现电动势差，从而出现电流，使磁通较小的铁芯增磁，磁通较大的铁芯去磁，达到各级铁芯的磁通大致相等和各绕组元件电压分布均匀的目的。因此，这种串级式结构，其每个绕组元件对铁芯的绝缘要求只需按 $U_{ph}/4$ 设计，比普通式（按 U_{ph} 要求设计）大幅度节约绝缘材料和降低造价。在同一铁芯的上、下柱上还有平衡绕组（绕向相同，反向对接），其作用与连耦绕组相似，借助平衡绕组内电流，使两柱上的磁动势得到平衡。

2.1.3 电磁式电压互感器的误差构成与计算

配网计量用电压互感器的等值电路和相量图如图 2-6 所示。

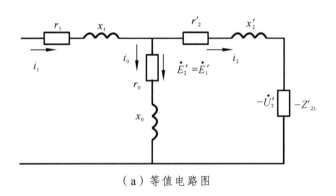

（a）等值电路图

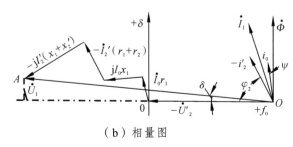

（b）相量图

图 2-6 电磁式电压互感器的等值电路和相量图

由相量图可见，由于电压互感器存在励磁电流和内阻抗，使折算到一次侧的二次电压 $-\dot{U}'_2$ 与一次电压 $\dot{U}_1$ 在数值和相位上均有差异，即测量结果有两种误差：电压误差和相位差。

1. 电压误差 f_{u}

电压误差 f_{u} 为二次电压测量值 U_2 乘以额定互感比 k_{u} 所得到的一次电压近似值 $k_{\mathrm{u}}U_2$ 与一次电压实际值 U_1 之差相对于 U_1 的百分数。由相量图推导得：

$$
\begin{aligned}
f_{\mathrm{u}} &= \frac{k_{\mathrm{u}}U_2 - U_1}{U_1} \times 100(\%) \\
&\approx -\left[\frac{I_0 r_1 \sin\psi + I_0 x_1 \cos\psi}{U_1} + \frac{I'_2(r_1 + r'_2)\cos\varphi_2 + I'_2(x_1 + x'_2)\sin\varphi_2}{U_1} \right] \times 100(\%) \quad (2\text{-}2) \\
&= f_0 + f_1
\end{aligned}
$$

式中　f_0、f_1——空载电压误差和负载电压误差；

　　　　r_1、x_1——一次绕组的电阻和感抗；

　　　　r'_2、x'_2——二次绕组的电阻和感抗；

　　　　I_0——励磁电流；

　　　　I'_2——二次侧负荷电流；

　　　　U_1——一次侧电压；

　　　　ψ——铁芯损耗角；

　　　　φ_2——二次负荷的功率因数角。

2. 相位差 δ_{u}

相位差 δ_{u} 为旋转 180° 的二次电压相量 $-\dot{U}'_2$ 与一次电压相量 $\dot{U}_1$ 之间的夹角。由于 δ_{u} 很小，所以用"′"表示。由相量图推导得：

$$
\begin{aligned}
\delta_{\mathrm{u}} &\approx \sin\delta_{\mathrm{u}} \\
&= \left[\frac{I_0 r_1 \cos\psi - I_0 x_1 \sin\psi}{U_1} + \frac{I'_2(r_1 + r'_2)\sin\varphi_2 - I'_2(x_1 + x'_2)\cos\varphi_2}{U_1} \right] \times 3\,438\,(') \quad (2\text{-}3) \\
&= \delta_0 + \delta_1
\end{aligned}
$$

式中　δ_0、δ_1——空载电压误差和负载电压误差。

规定：当 $-\dot{U}'_2$ 超前 $\dot{U}_1$ 时，δ_{u} 为正值；反之，δ_{u} 为负值。

由以上分析可知，影响误差的运行工况是一次电压 U_1、二次负荷 I_2 和功率因数 $\cos\varphi_2$。当 I_2 增加时，电压误差 $|f_{\mathrm{u}}|$ 线性增大，相位差 $|\delta_{\mathrm{u}}|$ 也相应变化（一般也线性增大）。

f_u 能引起所有测量仪表和继电器产生误差，δ_u 只对功率型测量仪表和继电器及反映相位的保护装置有影响。

2.1.4 配网计量用电压互感器的准确度等级和额定容量

电压互感器的准确度等级根据测量时比值差和相位差的大小进行划分。准确度等级是指在规定的一次电压和二次负荷变化范围内，负荷功率为额定值时最大电压误差的百分数。各种准确度等级的计量用电压互感器，其比值差和相位差不应超过如表 2-1 所示的限值。

表 2-1　计量用电压互感器准确度等级和误差限值

准确度等级	误差限值		一次电压、频率、二次负荷、功率因数变化范围		
	电压误差/（±%）	相位差/（±′）	电压/%	频率范围	负荷
1	1.0	40	80～120	50 Hz±0.5 Hz	额定负荷～下限负荷
0.5	0.5	20			
0.2	0.2	10			
1	0.1	5			

并联在电压互感器二次绕组上的测量仪表、继电器及其他负荷的电压线圈，都是电压互感器的二次负荷。习惯上把电压互感器的二次负荷都用负载消耗的视在功率 S_2（单位：VA）表示。因电压互感器的二次电压额定值 U_{N2} 为已知，所以用功率表示的二次负荷可换算成阻抗，其阻抗为：$Z_2 = U_{N2}^2/S_2$（Ω）。电压互感器的负载阻抗均较大，所以在计算二次负载时，二次电路中的连接导线阻抗、接触电阻等均可以忽略。

对应于每个准确度，每台电压互感器规定一个额定容量。在功率因数为 0.8（滞后）时，电压互感器的额定容量标准值为 10、15、25、30、50、75、100、150、200、250、300、400、500 VA。对于三相互感器，其额定容量是指每相的额定输出，即同一台电压互感器有不同的额定容量。如果实际所带二次负荷超过额定容量，则准确度降低。

对于每台电压互感器，规定一个最大容量，称为热极限容量。它是在额定一次电压下的温升不超过规定限值时，二次绕组所能供给的以额定电压为基准的视在功率值。电压互感器的二次负荷如果不超过这个最大容量所规定的值，其各部分绝缘材料和导电材料的发热温度就不会超过额定值，但测量误差会超过最低一级的限值。一般不允许两个或更多二次绕组同时供给热极限容量，所以电压互感器只在有关测量准确度要求不高的条件下，才允许在最大容量下运行。在电压互感器的铭牌上，通常需标出热极限容量值。

2.1.5　电压互感器的绝缘特性与防爆措施

电压互感器事故按后果的大小可分为爆炸和自身损坏。互感器爆炸可能引起相邻设备损坏、母线短路，导致大面积停电，此类事故由无防爆膜的电磁式电压互感器引起居多，事故的性质特别严重，影响面大。互感器自身损坏一般不影响系统其他设备的安全运行，影响较小，容易修复，此类事故由电容式电压互感器引起居多。

电压互感器二次侧短路时，其等效阻抗近乎零，巨大的电能送入互感器，使互感器瞬间爆炸，危害极大。由于互感器爆炸后，故障点是否在互感器的内部较难查清，往往使人们误以为是互感器本身的质量或绝缘事故，而二次侧出线短路常被人们忽视。

针对上述事故原因，解决对策如下：

1. 防止二次短路

防止直接接地系统电压互感器低压侧短路是运行单位防止电压互感器爆炸的重点。

（1）二次绝缘检查。每年的预防性试验应增加电压互感器二次电缆绝缘检查，其绝缘电阻应不小于 2 MΩ。主要应检查电压互感器二次保护之间的一段，即互感器端子接线板至互感器的端子箱一段。在新安装的互感器二次未投入运行之前，必须检测二次相量接线。

（2）制造厂家在电压互感器的二次侧安装过载保护。这样可在互感器发生低压短路时自动切除负载或限制电流，以保护互感器自身的安全。

（3）不使用电磁式电压互感器，代之以电容式电压互感器。这样虽然不能避免损坏，但可避免事故的进一步扩大。

2. 消除或防止由电磁扰动引起的铁磁谐振

（1）选用不易饱和的电压互感器或三相五柱式电压互感器。
（2）减少系统中并联电压互感器的台数。
（3）10 kV 系统中使用的电压互感器，应选用励磁感抗大于 1.5 MΩ 的电压互感器。
（4）相对地加装电容器，使网络等值电容减小，网络等值电抗不能与之相配，以满足 $X_{c0}/X_m \leq 0.01$ 的条件，可避免因深度饱和而引起的谐振。

（5）电压互感器二次开口三角形绕组两端接入阻尼电阻，从而减弱谐振能量，防止产生过大的过电压和过电流。

3. 制造厂采取防爆措施

防止电压互感器事故应采取的原则是"避免烧毁，杜绝爆炸"。在设备订货时，制造厂采用防爆措施，如加装金属膨胀器、加装压力释放薄膜等。

2.1.6 电子式电压互感器的原理与特点

电磁式电压互感器或电容式电压互感器绝缘结构复杂、体积大，还存在磁饱和、铁磁谐振及动态范围小等缺点，难以满足电力系统的应用发展需求。近年来，伴随着光纤和电子技术的进步，各种电子式电压互感器得到了迅猛的发展。区别于传统电压互感器，电子式电压互感器具有绝缘结构简单、无磁饱和、暂态响应范围大及体积小等优点。

1. 电容分压电子式电压互感器

电容分压电子式电压互感器的关键是电容分压器。电容分压器由高压臂电容 C_1 和低压臂电容 C_2 组成。电容分压器利用电容分压原理实现电压变换，将高压分为低压并进行 A/D 变换，经电/光转换耦合进行光纤传输，传至信号处理单元进行光/电转换，经微机系统处理输出数字信号或进行 D/A 转换输出模拟信号。其工作原理如图 2-7 所示。

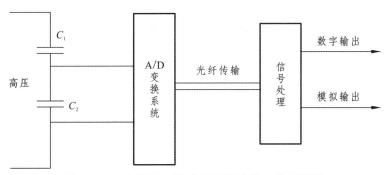

图 2-7 电容分压电子式电压互感器工作原理图

电容分压电子式电压互感器由光纤传送信号，解决了绝缘和抗电磁干扰问题，且无铁芯，因此，不存在因铁芯饱和引起的一系列问题，动态响应好，二次负载的变化对暂态过程影响不大。

电容分压电子式电压互感器存在以下问题：

（1）其传感元件为电容分压器，最突出的暂态问题是高压侧出口短路和电荷俘获现象。

（2）电容分压器的电容随环境温度的变化而变化。如果沿着电容分压器高度方向温度分布不均匀，电容的分压比将发生改变，电压互感器的误差增大。

（3）电网频率不稳定，使得串联在电路中的电抗器和并联在电路中的电容器间可能发生不平衡谐振。

（4）一次电压过零短路将产生较大误差。

2. 电阻分压电子式电压互感器

电阻分压电子式电压互感器原理如图 2-8 所示，其中由高压臂电阻 R_1 和低压臂电阻 R_2 组成电阻分压器，并获取电压信号。为防止低压部分过电压和保护二次侧测量装置，在低压电阻上加装一个放电管 S，使其放电电压略小于或等于低压侧允许的最大电压。

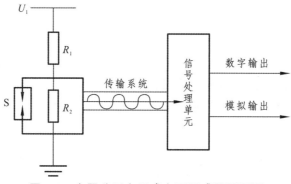

图 2-8　电阻分压电子式电压互感器原理图

电阻分压电子式电压传感器体积小、重量轻、结构简单、传输频带宽、线性度好、无谐振、克服了铁芯饱和的缺点、无负载分担、允许短路开路、具有较高的可靠性，且一个传感器可同时满足测量和保护要求。因此，其在中低压系统具有广阔的应用前景。

分压器电阻在外加电压增加到一定值后，电阻的阻值随电压的增加而减小，从而影响分压比的稳定性；温度（环境温度和电阻通电时消耗电能产生的热量）的变化会对电阻的阻值产生影响。电压互感器运行时，电压主要降落在高压臂电阻 R_1 上，电阻电压系数对高压臂的影响较大，而对低压臂的影响较小。且在高压测试中，电阻对地杂散电容对分压器性能也产生很大的影响。电晕放电可能损坏电阻元件，特别是使电阻膜层变质；且对地的电晕电流会改变 U_1 和 U_2 的关系而造成测量误差。另外，电阻一般用绝缘材料做成的支架进行固定，绝缘支架若有泄漏电流则相当于将 R_1 并联了一个电阻，这些都会影响电压传感器的精度。

3. 基于电压电流变换的电子式电压互感器

基于电压电流变换的电子式电压互感器的组成结构与工作原理如图 2-9 所示。由图 2-9 可知，该电压传感器由电压-电流变换元件、弱电流传感单元和信号输出单元组成。该电压传感器具有测量频带宽、动态特性好、线性范围大、绝缘结构简单、体积小、造价低、能够实现一次系统与二次系统的完全隔离、二次侧不受一次侧干扰等优点。

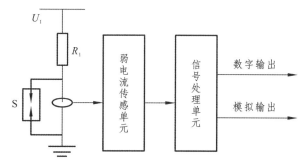

图 2-9　基于电压电流变换的电子式电压互感器组成结构与工作原理

2.2　配网计量用电流互感器

本节首先对配网计量用电流互感器的原理与结构进行介绍，并在此基础上对电磁式电流互感器的误差构成及计算进行详尽的分析；其次讨论了电流互感器的绝缘特性与安全防爆措施；最后简要介绍了电子式电流互感器的原理和相关特点。

2.2.1　电磁式电流互感器的原理

配电网广泛采用电磁式电流互感器，其工作原理与变压器相似，依据电磁感应原理将一次侧大电流转换成二次侧小电流进行测量。电流互感器由闭合的铁芯和绕组组成。它的一次侧绕组匝数很少，串入需要测量电流的线路；二次侧绕组匝数较多，串接在测量仪表和保护回路中。原理电路如图 2-10 所示，其特点如下：

（1）一次绕组与被测电路串联，匝数较少，流过的电流 $\dot{I}_1$ 是被测电路的负荷电流，与二次侧电流 $\dot{I}_2$ 无关。

（2）二次绕组与测量仪表和保护装置的电流线圈串联，匝数通常是一次绕组的很多倍。

（3）测量仪表和保护装置的电流线圈阻抗很小，正常情况下，电流互感器近于短路状态运行。

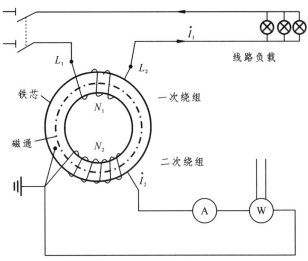

图 2-10 电磁式电压互感器原理接线图

电流互感器的额定一、二次电流 I_{N1}、I_{N2} 之比，称为电流互感器的额定互感比，用 k_i 表示。与变压器相同，k_i 近似与一、二次绕组的匝数 N_1、N_2 成反比，即：

$$k_i = \frac{I_{N1}}{I_{N2}} \approx \frac{N_2}{N_1} \qquad (2\text{-}4)$$

因为 I_{N1}、I_{N2} 已标准化，所以 k_i 也已标准化。

2.2.2 电磁式电流互感器的结构

配网计量用电流互感器型式很多，其结构主要由一次绕组、二次绕组、铁芯、绝缘等组成。单匝和复匝式电流互感器结构示意图如图 2-11 所示。

1. 单匝式电流互感器

单匝式电流互感器优点是结构简单、尺寸小、价格低，内部电动力不大，热稳定也易借选择一次绕组的导体截面来保证。缺点是当一次电流较小时，一次安匝 $I_1 N_1$ 与励磁安匝 $I_0 N_1$ 相差较小，故误差较大，因此仅用于额定电流 400 A 以上的电路。

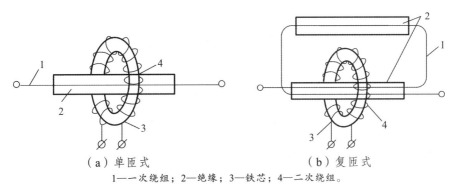

（a）单匝式　　　　　　　　（b）复匝式

1—一次绕组；2—绝缘；3—铁芯；4—二次绕组。

图 2-11　电流互感器结构示意图

（1）LDZ1-10、LDZJ1-10 型环氧树脂浇注绝缘单匝式电流互感器外形如图 2-12 所示。其一次导电杆，额定电流 800 A 及以下者为铜棒，1 000 A 及以上者为铜管；环形铁芯采用优质硅钢带卷成，并有两个铁芯组合，对称地扎在金属支持件上，二次绕组均匀绕在环形铁芯上。一次导电杆及二次绕组，用环氧树脂及石英粉的混合浇注加热固化成形；浇注体中部有硅铝合金铸成的面板，板上有 4 个 ϕ14 mm 的安装孔。该系列可取代 LDC-10 系列。

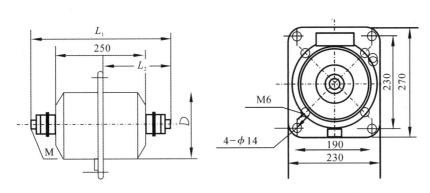

图 2-12　LDZ1-10、LDZJ1-10 型环氧树脂浇注式绝缘单匝式电流互感器外形

（2）LMZ1-10、LMZD1-10 型环氧树脂浇注绝缘单匝母线式电流互感器外形如图 2-13 所示。该型具有两个铁芯组合，一次绕组可配额定电流大（2 000～5 000 A）的母线，一次极性标志 L_1 在窗口上方，两个二次绕组出线端为 $1K_1$、$1K_2$ 和 $2K_1$、$2K_2$。其绝缘、防潮、防霉性能良好，机械强度高，维护方便，多用于发电机、变压器主回路，可取代 LMC-10 系列。

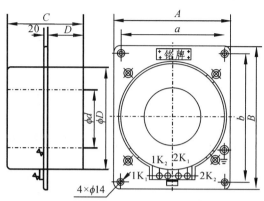

图 2-13　LMZ1-10、LMZD1-10 型环氧树脂浇注绝缘单匝母线式电流互感器外形

2. 复匝式电流互感器

由于单匝式电流互感器准确度等级较低，在一定的准确度等级下其二次绕组功率不大，以致增加互感器数目，故在多数情况下需采用复匝式电流互感器。复匝式可应用于额定电流为各种数值的电路。

（1）LFZB-10 型环氧树脂浇注绝缘有保护级复匝式电流互感器外形如图 2-14 所示。该型互感器为半封闭浇注绝缘结构，铁芯采用硅钢叠片呈二芯式，在铁芯柱上套有二次绕组，一、二次绕组由环氧树脂浇注成整体，铁芯外露。其性能优越，可取代 LFC-10 系列。

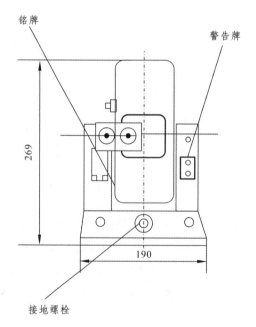

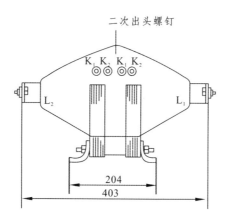

图 2-14　LFZB-10 型电流互感器外形

（2）LQZ-35 型环氧树脂浇注绝缘线圈式电流互感器外形如图 2-15 所示。该型铁芯采用硅钢片叠装，二次绕组在塑料骨架上，一次绕组用扁铜带绕制并经真空干燥后浇注成型。

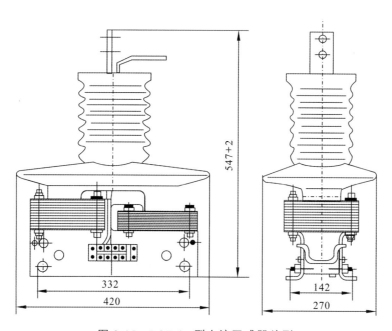

图 2-15　LQZ-35 型电流互感器外形

（3）LCW-110 型户外油浸式瓷绝缘电流互感器结构如图 2-16 所示。互感器的瓷外壳内充满变压器油，并固定在金属小车上；带有二次绕组的环形铁芯固定在小车架上，一次绕组为圆形并套住二次绕组，构成两个互相套着的形如"8"字的环。换接器用于在需要时改变各段一次绕组的连接方式（串联或并联）。上部由铸铁制成的油扩张器，用于补偿油体积随温度的变化，其上装有玻璃油面指示器。放电间隙用于保护瓷外壳，使外壳在铸铁头与小车架之间发生闪络时不致受到电弧损坏。由于这种"8"字形绕组电场分布不均匀，故只用于 35～110 kV 电压等级，一般有 2～3 个铁芯。

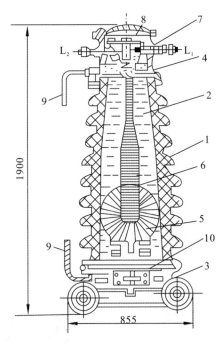

1—瓷外壳；2—变压器油；3—小车；4—扩张器；5—环形铁芯及二次绕组；6—一次绕组；
7—瓷套管；8—一次绕组转换器；9—放电间隙；10—二次绕组引出端。

图 2-16　LCW-110 型油浸式瓷绝缘电流互感器结构

2.2.3　电磁式电流互感器的误差构成与计算

配网计量用电流互感器的等值电路和相量图如图 2-17 所示。相量图中以二次电流 $\dot{I}_2'$ 为基准，二次电压 $\dot{U}_2'$ 较 $\dot{I}_2'$ 超前 φ_2 角（二次负荷功率因数角），$\dot{E}_2'$ 较 $\dot{I}_2'$ 超前 α 角（二次总阻抗角），铁芯磁通 $\dot{\Phi}$ 较 $\dot{E}_2'$ 超前 90°，励磁磁动势 $\dot{I}_0 N_1$ 较磁通 $\dot{\Phi}$ 超前 ψ 角（铁芯损耗角）。

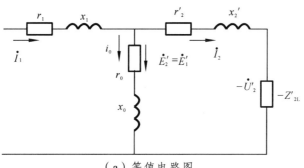

（a）等值电路图

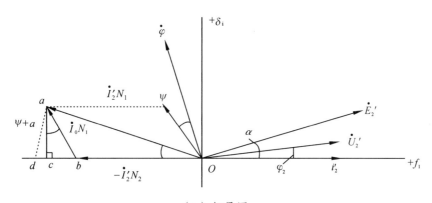

（b）相量图

图 2-17　电磁式电流互感器的等值电路和相量图

根据磁动势平衡原理，可得：

$$\dot{I}_1 N_1 + \dot{I}_2 N_2 = \dot{I}_0 N_1 \qquad (2-5)$$

即：

$$\dot{I}_1 N_1 = \dot{I}_0 N_1 + (-\dot{I}_2 N_2) \qquad (2-6)$$

$$\dot{I}_1 = \dot{I}_0 - k_i \dot{I}_2 = \dot{I}_0 - \dot{I}_2' \qquad (2-7)$$

由于电流互感器本身存在励磁电流和磁饱和等影响，使一次电流 $\dot{I}_1$ 与折算到一次侧的二次电流 $-k_i \dot{I}_2$ 在数值上和相位上都存在差异，即测量结果有两种误差：电流误差（又称比值差或变比差）和相位差（又称角误差或相角差）。

1. 电流误差 f_i

电流误差 f_i 为二次电流的测量值乘以额定互感比所得到的一次电流近似值 $k_i I_2$ 与一次电流实际值 I_1 之差相对于 I_1 的百分值。由相量图推导得：

$$f_i = \frac{k_i I_2 - I_1}{I_1} \approx \frac{I_2 N_2 - I_1 N_1}{I_1 N_1} \approx -\frac{I_0 N_1}{I_1 N_1} \sin(\psi + \alpha) \times 100(\%) \qquad (2\text{-}8)$$

当 $I_2 N_2 < I_1 N_1$ 时，f_i 为负值；反之，f_i 为正值。

2. 相位差 δ_i

相位差 δ_i 为旋转 180° 的二次电流相量 $-\dot{I}_2'$ 与一次电流相量 $\dot{I}_1$ 之间的夹角。由于 δ_i 很小，所以用分 "′" 表示（$1\ \text{rad} = 180 \times 60/\pi = 3\ 438'$）。由相量图可推导得：

$$\delta_i \approx \sin \delta_i = \frac{I_0 N_1}{I_1 N_1} \cos(\psi + \alpha) \times 3\ 438(') \qquad (2\text{-}9)$$

规定：当 $-\dot{I}_2'$ 超前于 $\dot{I}_1$ 时，δ_i 为正值；反之，δ_i 为负值。

电流误差能引起所有测量仪表和继电器产生误差，相位差只对功率型测量仪表和继电器（如功率表、电能表、功率型继电器等）及反映相位的保护装置有影响。

由图 2-17（a）等值电路有：

$$E_2 = I_2(Z_2 + Z_{2L}) \approx \frac{I_1 N_1}{N_2}(Z_2 + Z_{2L}) \qquad (2\text{-}10)$$

根据电磁感应定律有：

$$E_2 = 4.44 BSfN_2 = 222BSN_2 \qquad (2\text{-}11)$$

所以：

$$B = \frac{E_2}{222SN_2} \approx \frac{I_1 N_1(Z_2 + Z_{2L})}{222SN_2^2} \qquad (2\text{-}12)$$

电流误差 f_i 和相位差 δ_i 的第一项可表达为：

$$\frac{I_0 N_1}{I_1 N_1} = \frac{H l_{av}}{I_1 N_1} = \frac{B l_{av}}{I_1 N_1 \mu} \approx \frac{(Z_2 + Z_{2L}) l_{av}}{222SN_2^2 \mu} \qquad (2\text{-}13)$$

式中　Z_2、Z_{2L}——互感器二次绕组的内阻抗和负载阻抗，Ω；

f——工频，50 Hz；

B——铁芯的磁感应强度，T；

H——铁芯的磁场强度，A/m；

S——铁芯截面积，m^2；

l_{av}——磁路平均长度，m；

μ——铁芯磁导率，H/m。

（1）一次电流 I_1 的影响。$B \propto I_1$，B（或 I_1）与 μ 的关系（磁化曲线）如图 2-18 所示。

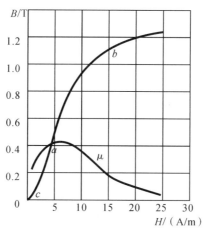

图 2-18　磁化曲线

正常运行时，在额定二次负荷下，当 I_1 为额定值时，B 约为 0.4 T，相当于图 2-18 中磁化曲线 a 点附近。当 I_1 减小或增加时，μ 值将下降，因而 $|f_i|$ 和 δ_i 增大。可见，电流互感器在额定一次电流附近运行时，误差最小。发生短路时，I_1 为额定值的很多倍，相当于图 2-18 中磁化曲线 b 点以上，由于铁芯开始饱和，这时 μ 值大幅度下降，因而 $|f_i|$ 和 $|\delta_i|$ 均大幅度增加。

（2）二次负荷阻抗 Z_{2L} 及其功率因数 $\cos\varphi_2$ 的影响。误差与二次负荷阻抗 Z_{2L} 成正比，当 Z_{2L} 增加时（$\cos\varphi_2$ 不变），$|f_i|$ 和 δ_i 均增大。

当二次负荷功率因数 $\cos\varphi_2$ 下降时，功率因数角 φ_2 增大，$\dot{E}_2$ 与 $\dot{I}_2$ 的夹角 α 增大，$|f_i|$ 增大，而 $|\delta_i|$ 减小；反之，$\cos\varphi_2$ 上升时，φ_2 减小，$|f_i|$ 减小，而 $|\delta_i|$ 增大。

（3）二次绕组开路。二次绕组开路，即 $Z_{2L} = \infty$，$I_2 = 0$，$I_0 N_1 = I_1 N_1$。励磁磁动势由 $I_0 N_1$ 骤增为 $I_1 N_1$，铁芯的磁通 Φ 及磁感应强度 B 均相应增大，因而产生各种不良影响。

① 由于铁芯饱和的影响，磁通波形畸变为梯形波，而二次绕组感应电势 e_2 与磁通的变化率 $\dfrac{d\Phi}{dt}$ 成正比，因此，在 Φ 过零时，二次绕组感应出很高的尖顶波电动势 e_2，如图 2-19 所示，其峰值可达数千伏甚至上万伏（与 k_i 及开路时的 I_1 值有关），对工作人员安全及仪表、继电器、连接导线和电缆的绝缘都有危害。

② 由于磁感应强度 B 骤增，使铁芯损耗大大增加，引起铁芯和绕组过热，互感器损坏。

③ 铁芯中会产生剩磁，使互感器特性变坏，误差增大。

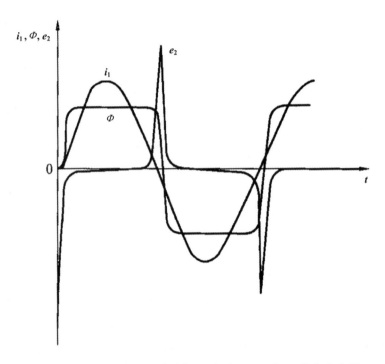

图 2-19　电流互感器二次绕组开路时 i_1、Φ 和 e_2 的变化曲线

因此，当电流互感器一次绕组有电流时，二次绕组不允许开路。当需要将在运行中的电流互感器二次回路的仪表断开时，必须先用导线或专用短路连接片将二次绕组的端子短接。

2.2.4　配网计量用电流互感器的准确度等级与额定容量

电流互感器的准确度等级根据测量时的电流误差 $|f_i|$ 大小进行划分，而 $|f_i|$ 与一次电流 I_1 及二次负荷阻抗 Z_{21} 有关。准确度等级是指在规定的二次负荷变化范围内，一次电流为额定值时的最大电流误差百分数。我国生产的电磁式电流互感器，根据国家标准规定，其准确度等级和每一准确度等级对应的比值误差、相位差的限值如表 2-2 所示。

表 2-2   测量用电流互感器误差限值

准确度等级	比值误差（±%）[在下列额定电流（%）时]				相位差[在下列额定电流（%）时]							
					± min				± crad			
	5	20	100	120	5	20	100	120	5	20	100	120
0.1	0.4	0.2	0.1	0.1	15	8	5	5	0.45	0.24	0.15	0.15
0.2	0.75	0.35	0.2	0.2	30	15	10	10	0.9	0.45	0.3	0.3
0.5	1.5	0.75	0.5	0.5	90	45	30	30	2.7	1.35	0.9	0.9
1	3.0	1.5	1.0	1.0	180	90	60	60	5.4	2.7	1.8	1.8

计量用电流互感器的准确度等级，以该准确度等级在额定电流下所规定的最大允许电流误差百分数进行标称。标准的准确度等级为 0.1、0.2、0.5、1、3、5 级，供特殊用途的为 0.2S、0.5S 级。

对于 0.1、0.2、0.5、1 级计量用电流互感器，在二次负荷欧姆值为额定负荷的 25% ~ 100% 之间的任一值时，其额定频率下的电流误差和相位误差不应超过表 2-2 所列限值。

对于 0.2S 级和 0.5S 级计量用电流互感器，在二次负荷欧姆值为额定负荷值的 25% ~ 100% 之间的任一值时，其额定频率下的比值误差和相位误差不应超过表 2-3 所列限值。

表 2-3   特殊用途电流互感器误差限值

准确度等级	比值误差（±%）[在下列额定电流（%）时]					相位差[在下列额定电流（%）时]									
						± min					± crad				
	1	5	20	100	120	1	5	20	100	120	1	5	20	100	120
0.2S	0.75	0.35	0.2	0.2	0.2	30	15	10	10	10	0.9	0.45	0.3	0.3	0.3
0.5S	1.5	0.75	0.5	0.5	0.5	90	45	30	30	30	2.7	1.35	0.9	0.9	0.9

电流互感器的额定容量 S_{N2} 是指在额定二次电流 I_{N2} 和额定二次负荷阻抗 Z_{N2} 条件下运行时，二次绕组输出的容量，即：

$$S_{N2} = I_{N2}^2 Z_{N2} \tag{2-14}$$

Z_{N2} 包括二次侧全部阻抗（测量仪表、继电器的电阻和电抗，连接导线的电阻，接触电阻等）。由于 I_{N2} 等于 5 A 或 1 A，故 $S_{N2} = 25Z_{N2}$ 或 $S_{N2} = Z_{N2}$，厂家通常提供 Z_{N2} 值。

2.2.5 电流互感器的绝缘特性与防爆措施

在各类电网设备事故中，电流互感器的爆炸事故时有发生，严重时会引起大面积停电，造成的损失和影响很大，威胁着电网的安全运行。为减少电流互感器事故的发生，必须采取综合性治理和预防措施，从技术、管理、推广新型设备等多方面入手，需要检修、试验、运行等多单位共同努力，这样才能将电流互感器事故发生率降到最低。

（1）在设备制造过程中，对绕制线圈的导线、绝缘材料进行严格选用，并加强制造过程中的质量监督。对绝缘支架也应严格选用，严格控制其介质损耗因数。

（2）电流互感器的一次端子电气联结应接触良好，防止过热性故障，所受的机械力不应超过允许值。膨胀器外罩等电位联结应可靠，防止出现电位悬浮。电流互感器的二次引线端子和末屏引出小套管应有防转动措施，以防内部引线扭断。

（3）新安装和大修的电流互感器，投运前应仔细检查其密封状况，油浸式电流互感器不应有渗漏现象。应注意检查各部分接地是否牢固可靠，如电流互感器末屏应可靠接地，严防出现内部悬空的假接地现象。

（4）积极开展在线检测和红外测温。有关电流互感器开展的在线检测项目主要有：测量主绝缘的电容量和介质损耗因数、测量末屏绝缘的绝缘电阻和介质损耗因数。这些项目在测量电流互感器绝缘缺陷方面是有效的。红外测温通过对带电设备的状态进行检测和诊断，查找出设备的过热缺陷和异常情况，对检测电流互感器外部引流导板、接线端大螺丝、内部接头松动等故障比较有效。

（5）对怀疑存在缺陷的互感器，应缩短试验周期，进行追踪检查和综合分析，以查明原因。对于全封闭型互感器，当油中溶解气体分析氢气单值超过注意值时，应考查其增长趋势，如多次测量数据平稳则不一定是出现故障的症状，如数据增长过快，则应引起重视。如发现运行中互感器的膨胀器异常伸长顶起上盖或互感器出现异常响声，表明互感器存在内部故障，应将互感器退出运行。

2.2.6 电子式电流互感器的原理与特点

伴随着电力系统的快速发展，对容量、智能、数字、集成化程度等要求也越来越高。传统电磁式电流互感器暴露出诸多弊端，例如：绝缘、体积、二次侧安全、磁饱和、磁滞现象等问题。在此背景下，研发出新型电子式电流互感器，它不仅解决了传统互感器的弊端，还具有频域响应宽、体积小、质量小、易安装、暂态特性好等优点。

1. 有源型电子式电流互感器

现阶段有源型电子式电流互感器主要将罗氏线圈（Rogowski Coil）作为信号采集器，其结构呈空心环形，被测导线从中心穿过即可测量电流。罗氏线圈应用原理是安培环路定律和法拉第电磁感应定律。高压侧集成电子电路的电源可采用母线取电方式、激光供电方式以及两种结合供电方式。罗氏线圈将高压侧的电流转化为电压信号，对电压信号进行处理转化成光信号，再通过光纤传输到低压侧，并在仪器上显示出来。如图 2-20 所示为有源型电子式电流互感器的系统结构图。

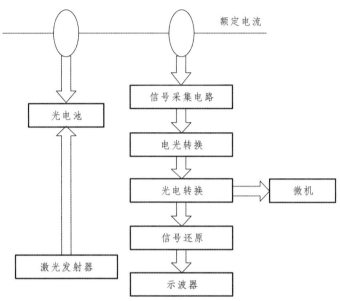

图 2-20　有源型电子式电流互感器的系统结构图

　　罗氏线圈是由漆包线缠绕在非铁磁性材料上，被称作空心线圈。罗氏线圈是有源型电子式电流互感器中的信号采集部分，由于其价格便宜、结构简单且原材料易取得，故在电力系统中得到了广泛应用。如图 2-21 所示为罗氏线圈结构图。

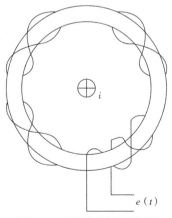

图 2-21　罗氏线圈结构图

当被测电流 i 穿过线圈中心时，输出线端将会感应出与 i 成正比例的电压 $e(t)$：

$$e(t) = -M \left(\frac{\mathrm{d}i}{\mathrm{d}t} \right) = -\mu_0 \frac{Nh}{2\pi} \ln \frac{R_\mathrm{b}}{R_\mathrm{a}} \frac{\mathrm{d}i}{\mathrm{d}t} \quad (2\text{-}15)$$

式中　M——互感器系数；

　　　N——线圈总匝数；

　　　μ_0——真空磁导率；

　　　h——线圈骨架的高度；

　　　R_b——骨架外径；

　　　R_a——骨架内径。

罗氏线圈本身就具有绝缘特性、没有铁芯、稳定性好、可靠性高、非常安全、不存在磁饱和现象、线性度好等特点，因此罗氏线圈在电力系统测量中得到广泛应用；但是其缺点也有很多，如需要一次侧电源、采集信号电路复杂、产品化难、精度低等问题。

传统的罗氏线圈在绕制工艺上很难达到要求，因此，人们又探索了一种新方法代替传统罗氏线圈，即 PCB 板的罗氏线圈，解决了手工绕制带来的线匝面积不相等和分布不均匀的问题。PCB 型空心罗氏线圈的工作原理以及测量电流工作状态都与普通罗氏线圈一样，通过计算机软件设计将导线均匀分布在印制电路板上，线圈由设备加工生产，避免了手工绕制，也进一步提高了生产效率。基于印刷电路板骨架的 PCB 罗氏线圈结构图如图 2-22 所示。

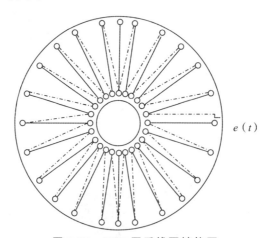

图 2-22　PCB 罗氏线圈结构图

与传统罗氏线圈相比，PCB 罗氏线圈的明显优势就是绕制精度的提高，且绕制后的骨架位置不会发生改变；缺点是线圈匝数很少、电路板的空间有限、线圈截面积很小，导致互感系数很小，输出信号弱。因 PCB 电路板热胀系数很大，PCB 罗氏线圈易受温度影响，通过对基材的测试，选出了热膨胀系数较小且具有较高性价比的聚四氟乙烯板。

PCB 板可以设计出符合各种复杂情况的罗氏线圈，设计灵活，且测量范围广。缺点之一是互感系数非常小，根据式（2-15），总结了以下几种方法增大互感系数：

（1）增大板材的厚度 h，但因制作工艺和性能的限制，厚度 h 一般取 2.5 ~ 3.2 mm。

（2）增大外径尺寸，或在外径不变的基础上缩小内径尺寸，即相当于增大外内径之比。

（3）增加线圈匝数 N，线圈匝数越多，互感系数 M 越大。

除了上述增加互感系数的方法外，还可增加 PCB 罗氏线圈的个数，使其为偶数块串联起来，且相邻的两块板线圈绕制方向相反，这样既提高了准确度，又消除了外界电磁波的影响。

低功率电流互感器（Low Power Current Transformer，LPCT）是在传统电磁式电流互感器的基础上提出的互感器，如图 2-23 所示为 LPCT 的简化原理电路图。其工作原理与传统电磁式电流互感器类似，具有低功率传输特性的线圈、结构简单、性能稳定、测量灵敏度高、易实现大批量生产等特点。它采用的铁磁材料通过特殊的退火工艺处理，得到微晶合金一类的高磁导率超微晶铁磁材料，具有不易饱和的特点，其测量动态电流范围会适当增大。此外，低功率电流互感器在低压侧选用精密电阻对被测电流信号采集，输出为电压信号，两者呈微分关系。

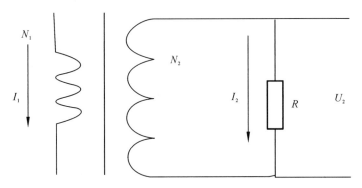

图 2-23 LPCT 电流互感器原理电路图

2. 无源型电子式电流互感器

由于传感器部分直接用光进行信号的转换和传输，高压侧无须外接电源提供电能，故称为无源型电子式电流互感器，又因使用了大量光学器件，简称光学式电流互感器。

无源型电流互感器根据传感部分的不同可分成磁光电流互感器和全光纤电流互感器，传感部分一般采用法拉第磁光效应原理。磁光效应指光和磁化状态的物质之间相互作用而引起的现象，反映了物质磁性和光之间的关联。传感部分为磁光材料，光源通过起偏器发出一束偏振光，穿过放在磁场中的磁光材料时，偏振光的偏振面将发生旋转，把测量偏振面的旋转角度转化为发光强度信号，然后通过光电转化为电信号，从而得出被测电流数值。无源型电子式电流互感器系统结构图如图 2-24 所示。

图 2-24　无源型电子式电流互感器系统结构图

目前研究的磁光型光学电流互感器工作基本原理为法拉第磁光效应：在外界磁场作用下，沿着磁场方向的线偏振光，当经过磁光材料时，其偏振面会相对于原偏振方向发生一定角度的偏转。其旋转角可表示为：

$$\vartheta = V \int_L H \cdot \mathrm{d}L \qquad (2\text{-}16)$$

式中　V——Verdet 常数，与材料特性、外界温度、光源波长等因素有关；

　　　H——磁光材料所在的磁场强度；

　　　L——光束通过介质的距离。

磁光型光学电流互感器是指从光源发射的光通过光纤传输经过磁光晶体或玻璃进行传递，具有单独的信号采集单元。磁光型光学电流互感器中感应磁场变化的材料有两种，分别为磁光晶体和玻璃。磁光晶体是拥有很大 Verdet 常数的晶体材料，现阶段常用的种类有铁铝榴石、镁铝榴石等。其采用生长方式进行制作，制作工艺很难且周期长。磁光玻璃的价格相对较低，具有透光性好且光学均匀度高、光程短、体积小等优点，使得其在磁光器件上得到广泛应用。但它的缺点也是存在的，如光学精密元器件制造难度很大，传感器头易碎，测量精度难以达到，易受外界环境温度、振动等因素的影响，随着在外界长久地暴露，其稳定性下降。

全光纤型光学电流互感器是指整个信号采集部分均采用光纤完成，没有其他光学器件参与。其工作原理与磁光型电流互感器一致，结构为多圈光纤环绕被测电流。光纤的选取首先要考虑将成本缩至最低，因此大部分使用的均是单模光纤。

为了提高全光纤电流互感器的灵敏度，可将传感段的光纤进行特殊处理，具体包括偏振检测方法和干涉检测方法。与磁光型光学电流互感器比较而言，全光纤型光学电流互感器具有结构简单、使用寿命长、可靠性高、精度高等优点。其缺点也很突出，如光纤的自身线性双折射对测量存在很大的影响，导致其稳定性下降；Verdet 常数很低时，需要的线圈匝数多；同时全光纤式光学电流互感器对温度、振动等外界环境因素比较敏感。另一方面，采用的传感光纤为保偏光纤，比普通光纤要求高，价格昂贵，且生产工艺要求高，因此制造出可靠性高、寿命长的保偏光纤非常难。随着光纤制造技术、光电技术以及其他相关技术的快速发展，推动了全光纤型电流互感器在电网中挂网试运行。

与传统的电磁式电流互感器相比，电子式电流互感器的优势主要有：对输出信号的响应快速，检测结果精度高，动态范围大；输出信号为弱电压，不存在电磁式电流互感器会出现高压的危险情况，对设备及工作人员不会造成影响；不存在磁饱和和铁磁谐振现象，结构简单，造价低；频率响应范围宽，其可以对暂态、高频的电流进行测量；没有易燃、易爆的安全隐患，体积小，自身轻；可与计算机实现交互的功能，目前已基本实现输配电统一数字化。

2.3 配网计量用组合互感器

本节对配网计量用组合互感器的原理与结构进行介绍，在此基础上对组合互感器的使用方法和误差范围进行阐述。

2.3.1　组合互感器的原理与结构

组合互感器的种类多样，35 kV 及以下三相组合互感器的结构型式是三相组合，66 kV 及以上是单相型式，由油浸倒立式电流互感器和具有开放铁芯的电磁式电压互感器组成的单相组合互感器的最高电压等级范围覆盖 31.5 ~ 550 kV。

35 kV 及以下三相组合互感器主要用于电能计量装置。三相一体型组合互感器（见图 2-25）由两个电压互感器器身和两个单相电流互感器器身进行电气联结后包封在环氧树脂混合胶内。三相分体型组合互感器（见图 2-26）即用两台单相不接地电压互感器和两台单相电流互感器组装在一个底板上，使用时则按需进行电气联结。

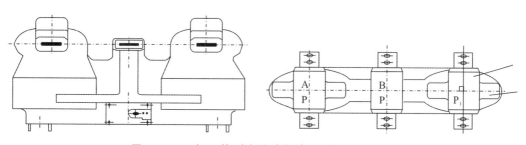

图 2-25　三相一体型浇注式组合互感器外观结构

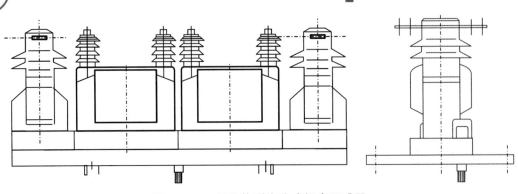

图 2-26　三相分体型浇注式组合互感器

高压三相组合互感器安装在供电变压器的高压侧，用于额定频率为 50 Hz、额定电压为 6~35 kV 的配电网中，可直接测量高压线路中有功和无功电能的电气设备。配网计量用组合互感器外观结构图如图 2-27 所示。

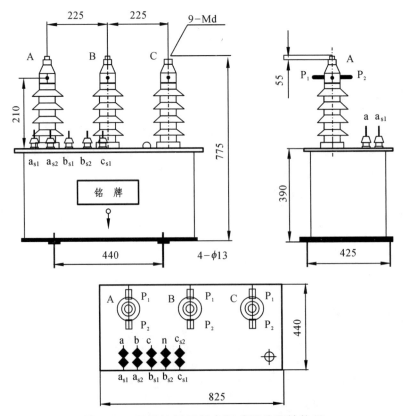

图 2-27　配网计量用组合互感器外观结构图

组合互感器的优点是接线方便、安装美观、整体性好，和各自独立的分散互感器相比，体积更小，节省安装费用和空间。缺点是组合互感器中的电流和电压互感器互不独立，且两者同时运行工作，故障时两者可能相互产生电磁影响，从而影响相互计量准确性。此外，电压互感器一次绕组未装设高压熔丝，短路时可能引起停电及馈线跳闸。

三相组合互感器的电流互感器准确度等级应从以下序列中选取：1.0 级、0.5 级、0.5S 级、0.2 级和 0.2S 级；三相组合互感器的电压互感器准确度等级应从以下序列中选取：1.0 级、0.5 级和 0.2 级。三相组合互感器主要参数为额定一次电压、额定二次电压、额定一次电流、额定二次电流，电流互感器的准确度等级、电压互感器的准确度等级、功率因数、额定负荷和下限负荷。

2.3.2 组合互感器的应用与误差

三相组合互感器测量区间按照表 2-4 和表 2-5 所示要求确定。

表 2-4 三相组合互感器的电流互感器测量区间

准确度等级	额定电流百分数	二次负荷	
		伏安值	功率因数
1.0 级、0.5 级、0.2 级	5%、20%、100%、120%	额定值	额定值
	5%、20%、100%	下限值	
0.5S 级、0.2S 级	1%、5%、20%、100%、120%	额定值	额定值
	5%、20%、100%	下限值	

表 2-5 三相组合互感器的电压互感器测量区间

准确度等级	额定电压百分数	二次负荷	
		伏安值	功率因数
1.0 级、0.5 级、0.2 级	80%、100%、120%	额定负荷	额定值
	80%、100%	下限负荷	

三相组合互感器的电流互感器绕组端子应按照减极性进行标志，即端子 AP_1 和 a_{S1}、BP_1 和 b_{S1}（若有）、CP_1 和 c_{S1} 在同一瞬间应具有同一极性。

三相组合互感器的电压互感器绕组端子应按照减极性进行标志。即端子 A 和 a、B 和 b、C 和 c 在同一瞬间应具有同一极性。

组合式互感器的误差包含其电压互感器误差、电流互感器误差。误差产生的原因与单个互感器一致，此处不再赘述。

三相组合互感器在额定电压 80%～120%之间的电压值范围内运行,三相组合互感器的每相电流互感器均在规定的负荷范围内运行时,其电流互感器的误差不超过表2-6给定的限制范围。除非用户有要求,电流互感器的二次额定电流为 5 A 时,下限负荷按 3.75 VA 选取;二次额定电流为 1 A 时,下限负荷按 1 VA 选取。

表 2-6 三相组合互感器的电流互感器最大允许误差

准确度等级	误差	额定电流百分数				
		1%	5%	20%	100%	120%
0.2S 级	比值误差/（%）	±0.75	±0.35	±0.2	±0.2	±0.2
	相位误差/（′）	±30	±15	±10	±10	±10
0.2 级	比值误差/（%）	—	±0.75	±0.35	±0.2	±0.2
	相位误差/（′）	—	±30	±15	±10	±10
0.5S 级	比值误差/（%）	±1.5	±0.75	±0.5	±0.5	±0.5
	相位误差/（′）	±90	±45	±30	±30	±30
0.5 级	比值误差/（%）	—	±1.5	±0.75	±0.5	±0.5
	相位误差/（′）	—	±90	±45	±30	±30
1.0 级	比值误差/（%）	—	±3.0	±1.5	±1.0	±1.0
	相位误差/（′）	—	±180	±90	±60	±60

三相组合互感器的电流互感器在额定电流的 5%或 1%（S 级）至额定电流的 120%（或额定扩大一次电流）的范围内运行,三相组合互感器的电压互感器在额定负荷至下限负荷范围内并在规定的电压下运行时,其电压互感器的误差不超过表 2-7 给定的限制范围。三相组合互感器的电压互感器的下限负荷按 2.5 VA 选取。

表 2-7 三相组合互感器的电压互感器最大允许误差

准确度等级	误差	额定电压百分数
		80%～120%
0.2 级	比值误差/（%）	±0.2
	相位误差/（′）	±10
0.5 级	比值误差/（%）	±0.5
	相位误差/（′）	±20
1.0 级	比值误差/（%）	±1.0
	相位误差/（′）	±40

配网计量用电力互感器关键特性

电力互感器从产品制造、安装到运行的各个阶段，都要进行相应的试验考核。电力互感器的型式试验主要检验其产品能否满足技术规范的全部要求，它是新产品鉴定的重要依据；电力互感器的出厂试验、全性能试验、抽样验收、安装前检验等主要检查正常生产电力互感器材质和制造工艺，以提高电力互感器的可靠性，它是产品投运前关键的质量控制程序；电力互感器的交接试验主要是对出厂后产品运输和现场安装质量进行把关；电力互感器的预防性试验则是监督在带电运行后产品的电气和机械性能的各项指标，预测在运行过程中各运行条件作用下，设备计量性能、绝缘状况等发生变化而引起设备缺陷和设备误差超差、绝缘电老化、热老化等状态变差的发展趋势。产品在不同阶段有不同的试验项目和相应的判断标准，这些试验项目对考核各阶段产品的健康状况、及时发现其内在缺陷发挥了非常重要的作用。

本章介绍了配网计量用电力互感器包括计量特性、励磁特性、绝缘特性关键特性，以及通过开展各种性能试验考核配网计量用电力互感器的健康状况，以及时发现其内在缺陷。

3.1　计量性能

配网计量用电力互感器的主要用途是向电能表提供电压或电流信号，其计量性能将直接影响电能计量的准确性以及贸易结算的公平性，也与电厂、供电部门和终端用户的利益息息相关，如果计量的合理性及准确性未得到解决，将可能会引发社会矛盾。因此，计量性能是配网计量用电力互感器的关键特性之一。

配网计量用电力互感器大多为基于电磁感应原理的电磁式电力互感器。电磁式电压互感器和电磁式电流互感器的误差均由励磁电流引起，在励磁电流等于零时，电磁式电流互感器既能满足原边和副边电流安匝相等，又能满足原边和副边电压匝比相等；既可把它当作电流互感器，又可把它当作电压互感器。本章节以电磁式电压互感器为例，介绍配网计量用电力互感器的计量特性。

电磁式电压互感器与开路运行的降压变压器十分相似，具有以下特点：

（1）一次绕组匝数较多，二次绕组匝数较少。

（2）一次绕组并接于一次系统，二次绕组侧各仪表亦为并联。因此电压低，额定电压一般为 100 V 或 $100/\sqrt{3}$ V；容量小，只有几十伏安或几百伏安。

（3）二次绕组所接的电压表及电压继电器均为高阻抗，在正常运行时二次绕组会接近于空载状态（开路），且大多数状况下其负荷是恒定不变的。电压互感器的一次电压 U_1 与其二次电压 U_2 之间存在以下关系：

$$U_1 \approx \frac{N_1}{N_2} U_2 = K_U U_2 \tag{3-1}$$

式中，N_1、N_2 为电压互感器一次和二次绕组匝数；K_U 为电压互感器的变压比，一般表示为其额定一、二次电压比，即 $K_U = U_{1N}/U_{2N}$。

当一次绕组与电压 $\dot{U}_1$ 并联时，在铁芯内会有交变主磁通 $\dot{\Phi}$ 通过，一、二次绕组会分别产生感应电动势 $\dot{E}_1$ 和 $\dot{E}_2$。如果将电压互感器二次绕组的阻抗折算到一次侧后，可得到如图 3-1 和图 3-2 所示的 T 形等值电路图和相量图。

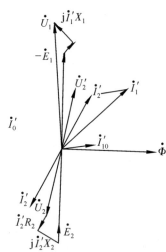

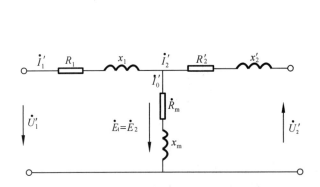

图 3-1　电压互感器 T 形等值电路图　　　图 3-2　电压互感器相量图

从等值电路图中得到：

$$\dot{U}_1 = \dot{I}_1(R_1 + jX_1) - \dot{E}_1 \tag{3-2}$$

$$\dot{U}_2' = \dot{E}_2' - \dot{I}_2'(R_2' + jX_2') \tag{3-3}$$

式中 R_1、X_1——一次绕组的电阻和阻抗;

R_2'、X_2'——二次绕组折算到一次侧的电阻和阻抗。

如果忽略励磁电流和负载电流在一、二次绕组中产生的压降,即可得到 $\dot{U}_1 = -\dot{E}_1$, $\dot{U}_2' = \dot{E}_2'$,则:

$$K_U = \frac{U_1}{U_2} = \frac{E_1}{E_2} = \frac{N_1}{N_2} \tag{3-4}$$

理想电压互感器的电压变比,称为额定变比,即在理想状态下电压互感器一次绕组电压 U_1 与二次绕组电压 U_2 的比值为常数,且与一次绕组和二次绕组的匝数比相等。

但实际上,电压互感器是有铁损和铜损的,且在绕组中也存在阻抗压降。从相量图 3-2 可以看出,当二次电压旋转 180° 后为 $-\dot{U}_2'$,与一次电压 $\dot{U}_1$ 大小不等,且有相位差,即电压互感器存在比差和角差。

比差用 f_U 表示,它等于:

$$f_U = \frac{U_2' - U_1}{U_1} \times 100\% = \frac{\frac{N_1}{N_2} U_2 - U_1}{U_1} \times 100\% = \frac{K_U - K_U'}{K_U'} \times 100\% \tag{3-5}$$

式中 U_1——实际一次电压有效值;

U_2——实际二次电压有效值;

K_U'——实际电压互感器变比,$K_U' = \dfrac{U_1}{U_2}$;

K_U——额定电压互感器变比,$K_U = \dfrac{U_{1e}}{U_{2e}} = \dfrac{N_1}{N_2}$。

相角差简称为角差,是指一次电压与二次电压旋转 180° 后的相量之间的相位差,用 δ_U 表示,单位为 "′"(分)。当旋转后的二次电压超前于一次电压相量时,角差为正值;反之,角差为负值。

电压互感器的误差由电压误差(比值差)和相位差组成。在数值上的差别称为电压误差,相位上的差别称为相位差。误差表达式为:

$$\varepsilon_U = \frac{K_{U_n} U_2 - U_1}{U_1} \times 100\% \tag{3-6}$$

式中 K_{U_n}——额定电压比;

U_1——实际一次电压;

U_2——施加 U_1 时的实际测量二次电压。

当二次电压相量超前一次电压相量时，相位差为正值，它通常用分（'）或者弧度（rad）表示。

电磁式电压互感器一般为单相双绕组结构，其等值电路图如图 3-3 所示，其相量图如图 3-4 所示。图中有关符号说明如下：

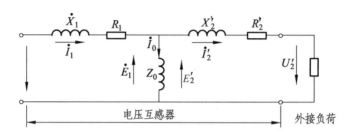

图 3-3　单相双绕组互感器等值电路图

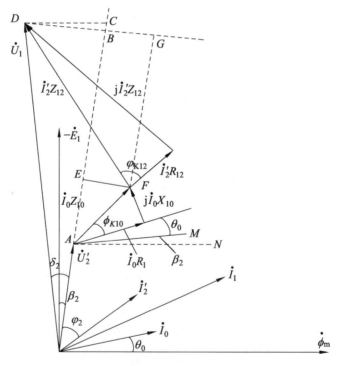

图 3-4　单相双绕组电压互感器误差相量图

θ_0——铁芯损耗角（°）；

φ_2——二次绕组负荷功率因数角（°）；

φ_{k12}——二次绕组短路阻抗角（°）；

φ_{k10}——一次绕组短路阻抗角（°）；

β_2——二次电压与感应电势之间的相位角（°）；

δ_2——二次电压与一次电压之间的相位角（°）。

图中各辅助线段的关系是：O 点为圆心，OD 为半径，作圆弧交 OA 的延长线于 C 点。再从 D 点作 AC 的垂线，交于 B 点。线段 FG 平行于 OC；线段 AN 垂直于 OC；线段 AL 平行于 $\dot{I}_0$；线段 AM 平行于 $\dot{\phi}_m$。

由此可见：线段 FG 与 $\dot{I}_2'R_{12}$ 的夹角为 φ_2；线段 AL 与 AM 的夹角为 θ_0；线段 AN 与 AM 的夹角为 β_2。因为实际的相位差很小，所以线段 OC 与线段 OB 相差很小，可以认为 $OC = OB$。可按误差定义得出二次绕组的电压误差为：

$$\varepsilon_{u2} = \frac{U_2 - U_1}{U_1} \times 100\% = \frac{OA - OC}{OC} \times 100\% = \frac{OA - OB}{OC} \times 100\% = -\frac{AB}{OC} \times 100\% \tag{3-7}$$

由相量图可知 $ABZ = AE + EB$，又因为 β_2 角很小，因此有：

$$AE = I_0 Z_{10} \cos\left(\frac{\pi}{2} - \varphi_{k10} - \theta_0 - \beta_2\right) \approx I_0 Z_{10} \cos\left(\frac{\pi}{2} - \varphi_{k10} - \theta_0\right) = I_0 Z_{10} \sin(\varphi_{k10} + \theta_0) \tag{3-8}$$

$$EB = I_2' Z_{12} \cos(\varphi_{k12} - \varphi_2) \tag{3-9}$$

从而得出电压误差公式：

$$\varepsilon_{u2} = -\frac{I_0 Z_{10} \sin(\varphi_{k10} + \theta_0) + I_2 Z_{12} \cos(\varphi_{k12} - \theta_0)}{U_1} \times 100\% \tag{3-10}$$

求相位差：因为相位差 δ_{u2} 就是图 3-4 中的 δ_2 角，从图看出：

$$\delta_2 \approx \sin\delta_2 = \frac{DB}{OD} = \frac{DG - GB}{OD} \tag{3-11}$$

$$DG = I_2' Z_{12} \sin(\varphi_{k12} - \varphi_2) \tag{3-12}$$

又因为 β_2 角很小，所以有：

$$GB = I_0 Z_{10} \sin\left(\frac{\pi}{2} - \varphi_{k10} - \theta_0\right) = I_0 Z_{10} \cos(\varphi_{k10} + \theta_0) \tag{3-13}$$

根据对相位正、负的定义，线段 DB 使相位差向负方向偏移，因而得出相位差公式为：

$$\delta_{u2} = \frac{I_0 Z_{10}\cos(\varphi_{k10}+\theta_0) - I_2' Z_{12}\sin(\varphi_{k12}-\varphi_2)}{U_1} \qquad (3\text{-}14)$$

从（3-10）和式（3-14）可见，双绕组电压互感器误差的第一部分空载误差，只与励磁电流、铁损角和一次绕组空载漏阻抗有关，与二次绕组的负荷无关。比值差 ε_{u0} 的单位为%，δ_{u0} 的单位为（′），分别为式（3-15）、（3-16）：

$$\varepsilon_{u0} = -\frac{I_o Z_{10}\sin(\varphi_{k10}+\theta_o)}{U_1}\times 100 \qquad (3\text{-}15)$$

$$\delta_{u0} = \frac{I_o Z_{10}\cos(\varphi_{k10}+\theta_o)}{U_1} \qquad (3\text{-}16)$$

第二部分负载误差由负荷电流在绕组的短路阻抗上产生的压降造成，与励磁电流无关。角差 ε_{u2} 的单位为%，相位差 δ_{u2} 的单位为（′），分别为式（3-17）、（3-18）：

$$\varepsilon_{u2} = -\frac{I_2' Z_{12}\cos(\varphi_{k12}-\varphi_2)}{U_1}\times 100 \qquad (3\text{-}17)$$

$$\delta_{u2} = -\frac{I_2' Z_{12}\sin(\varphi_{k12}-\varphi_2)}{U_1}\times 3\,440 \qquad (3\text{-}18)$$

由前述可知，电磁式电压互感器的误差由空载误差和负载误差两部分组成，以下介绍电磁式电压互感器结构、铁芯材料、一次电压、二次负荷、频率等对其误差特性的影响。

1. 结构对误差的影响

1）绕组匝数对误差的影响

绕组匝数对电压互感器误差的影响很大，当匝数增多时，空载电流 I 减小，励磁导纳 Y_m 减小，但一次绕组和二次绕组的内阻抗 z_1+z_2'，特别是漏感抗 X_1+X_2' 显著增大，导致空载误差 ε_k 变化很小，负载误差 ε_f 明显增加。因此，准确等级高的或二次负荷阻抗小的电压互感器，应减少绕组的匝数来降低误差。

2）铁芯平均磁路长度对误差的影响

铁芯平均磁路长度与励磁导纳 Y_m 成正比，而空载误差 ε_k 与 Y_m 成正比，即 ε_k 也与铁芯平均磁路长度成正比，因此，应尽量缩小铁芯窗口的面积，铁芯截面尽可能选择梯形、正方形或者高度 h 比宽度 d 稍大的长方形，使铁芯平均磁路长度尽可能短，这样不仅能减小空载误差 ε_k，还能节省铁芯材料，降低重量。

2. 铁芯材料对误差的影响

为了便于看出各参数对空载误差的影响，还需从式（3-15）出发，并注意到 $Z_{10}\sin\varphi_{k10}=X_{10}$；$Z_{10}\cos\varphi_{k10}=R_1$，于是得出

$$\varepsilon_{u0}=-\frac{I_0(R_1\sin\theta_0+X_{10}\cos\theta_0)}{U_1}\times100\% \qquad (3\text{-}19)$$

从公式（3-19）看出，影响空载误差的因素有空载电流、铁芯损耗角、一次绕组电阻和空载漏抗。减少空载误差，首先要采用优质导磁材料，缩短磁路长度，提高铁芯加工质量，减小铁芯接绕或采用无接绕的卷铁芯，尽可能减小空载电流。一次绕组电阻和空载漏抗的大小取决于一次绕组导线以及绕组的结构和几何尺寸。减小 R_1 或 X_{10} 均能使空载电压误差 ε_{u0} 向正方向变化（或者说误差的绝对值减小），而空载相位差 δ_{u0} 的变化则可减小 R_1，使相位差往正方向变化，减小 X_{10} 可使相位差往负方向变化。

铁芯材料的磁导率越高，励磁导纳越小，空载误差越小。但是，铁芯的饱和磁密越高，在相同的截面下，绕组的匝数越少，空载误差虽稍有增大，但负载误差显著减小。故可选磁导率、饱和磁密均高的冷轧硅钢片作为电压互感器铁芯，这比选用铁镍合金效果好。

3. 运行参数对误差的影响

1）一次电压对误差的影响

一次电压的增高将导致铁芯磁密增大，磁导率、损耗角先增加，再略减小，激磁导纳 Y_m 随着电压的增大，其模数、角度均先变小，再略增。故空载电压误差和空载相位差，随着电压的增大，先减小再增大。电压互感器的比值差曲线和相位差曲线如图 3-5 和图 3-6 所示。

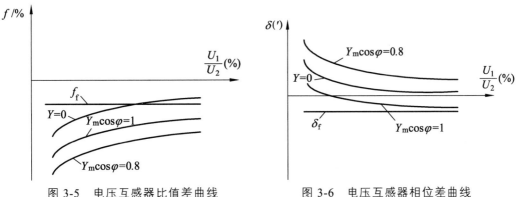

图 3-5　电压互感器比值差曲线　　　　图 3-6　电压互感器相位差曲线

2）二次负荷对误差的影响

负载误差与二次负荷阻抗成反比。当负荷阻抗为额定负荷阻抗或下限负荷阻抗，负载复数误差也是恒定的，不会随电压变化。负载电压误差 f_f、负载相位差 δ_f 与电压的关系曲线均为一条水平直线，如图 3-5 与图 3-6 所示。

电压误差 $f = f_k + f_f$ 与电压关系曲线称作电压误差曲线；相位差 $\delta = \delta_k + \delta_f$ 与电压关系曲线称作相位差曲线。由图 3-5 与图 3-6 可见，电压互感器的电压误差曲线和相位差曲线均为有一定陡度的曲线，即随着电压增大，电压误差和相位差的绝对值均减小。

3）电源频率对误差的影响

当电源频率变化时，如果铁芯不饱和，则对空载误差影响不大。绕组的漏抗与电源频率成正比，故负载误差与频率变化趋势一致。电源频率在 ±5% 小范围内波动，对电压互感器的误差影响不大。如电源频率变化引起铁芯饱和或漏抗显著增大，将使电压互感器的误差增大。

电磁式电压互感器误差受本身结构、材质以及一次电压、二次负荷、电源频率等运行参数影响，为了避免计量性能有缺陷的电压互感器挂网运行，影响电能贸易结算的公平性，电压互感器投运前需开展误差试验，在工频下测量不同电压、不同负荷的误差，均需要满足误差限值要求，试验尽可能还原电压互感器的运行工况。电压互感器的型式试验项目、全性能试验项目、检定项目、交接试验项目均包含了误差测量项目，通过在不同阶段下开展误差测量试验，及时发现计量性能有缺陷的电压互感器。

组合互感器是由电压互感器和电流互感器组合并形成一体的互感器，能同时将高电压变为低电压、大电流变为小电流，具有成本低、体积小、重量轻、节约土地资源、良好的防窃电功能等优势，在 10 kV 及 35 kV 用户侧得到大量的使用，特别是在农网中，由于组合互感器优良的防窃电性能，将近 50% 的高供高计用户安装了以三相组合互感器为核心的成套计量装置。如图 3-7 和图 3-8 所示为两种典型结构的组合互感器。

图 3-7　油浸式组合互感器

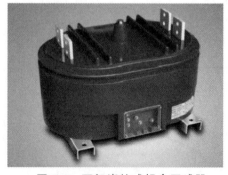

图 3-8　环氧浇筑式组合互感器

组合互感器的准确性将直接影响到配电电能贸易结算的公平公正。因此，对组合互感器进行可靠的误差校验尤为重要。国家检定规程《测量用电流互感器》（JJG 313—2010）、《测量用电压互感器》（JJG 314—2010）、《电力互感器检定》（JJG 1021—2007）规定了电压互感器和电流互感器的误差试验要求，但未对组合互感器的误差试验进行特别规定，此前也无针对组合互感器的国家检定规程。因此，此前较长一段时间，无论是组合互感器厂家还是各试验部门在对其进行出厂试验、验收试验、首次检定和周期性检定时，多采用单相法对其中的电流互感器单元和电压互感器单元实施单独误差校验。组合互感器将电流互感器和电压互感器组合在一个狭小的空间内，各互感器单元之间存在着电磁影响，而使用单相校验组合互感器无法复现这种影响，往往无法真实反映出组合互感器在实际工作状态下的误差特性，从而影响校验结果的准确性。因此，组合互感器除了需要关注其中的电压互感器和电流互感器误差外，还需要关注互感器之间的误差影响。

国家 2016 发布的《三相组合式互感器》（JB/T 10432—2016）明确规定了三相组合互感器的误差试验、温升试验及相互干扰试验均应在施加三相电压和三相电流的情况下进行，《三相组合互感器使用技术规范》（DL/T 1268—2013）也规范了三相电压互感器对电流互感器的测量影响、电流互感器误差确定方法和三相电流互感器对电压互感器的测量影响及电压互感器误差确定方法。2019 年 12 月 31 日发布了《三相组合互感器》（JJG 1165）检定规程，其中明确规定了使用三相法在施加电流（1%～120%额定电流）条件下测量电压互感器误差，施加电压（80%～120%额定电压）条件下测量电流互感器误差。

3.2　励磁特性

分析电磁式电力互感器的励磁特性，关系到电力系统中设备的选取及系统保护方式的确定。更为重要的是，电磁式电压互感器和系统对地电容构成的回路在系统发生短路故障或进行某些操作时，将激发出铁磁谐振过电压，可造成电磁式电力互感器喷油、爆炸，二次电压负载损坏，严重时烧毁电压互感器，造成大面积停电，严重威胁系统安全运行，造成经济上的巨大损失。因此，分析电磁式电力互感器的励磁特性，不仅具有理论价值，而且是生产实际的需要。

电压互感器的励磁特性通常也称伏安特性，电压互感器励磁特性试验是将电压互感器一次绕组的末端出线端子可靠接地，其他绕组均开路，在电压互感器二次绕组施加电压 U，测量出相应的励磁电流 I，U 和 I 之间的关系即电压互感器励磁特性。以 U 为横坐标、I 为纵坐标做出的曲线即为电压互感器励磁特性曲线。电流互感器的励磁特性是指当电流互感器一次绕组和其他绕组开路时，施加于二次端子上的正弦波电压方均根值与励磁电流方均根值之间的关系，用曲线或表格表示。要求数据的涵盖范围应足以确定从低励磁值到 1.1 倍拐点电势值的励磁特性。拐点电压是指当电压互感器或电流互感器所有其他端子均开路时，施加于二次端子上的额定频率正弦波电压方均根值，该值增加 10%时，使励磁电流方均根值增加 50%。拐点电势是指电压互感器或电流互感器的额定频率电势增加 10%时，使励磁电流方均根值增加 50%。拐点电压与拐点电势数值可认为数值相等。

通过互感器的励磁特性试验，可反映互感器运行时电压、电流关系以及拐点电压，从而达到以下目的：

（1）了解互感器铁芯性能，可根据励磁特性曲线确定是否出现铁芯材料不合格等故障。

（2）根据测得的励磁特性曲线可判断系统中是否发生了铁磁谐振现象，且可以帮助找到铁磁谐振出现的原因以及解决铁磁谐振的方法。

（3）实际应用中在不同时刻对互感器进行励磁特性试验可以帮助工作人员确定二次侧的绕组线圈间是否有漏电问题。

（4）互感器的励磁电流是互感器存在误差的根源，铁芯饱和，励磁电流增大，也将带来误差的增大。互感器的励磁特性试验，也可帮助了解互感器的误差特性。

以下重点介绍励磁特性试验与铁磁谐振。

由非线性电感（铁芯线圈）和线路电容组成的回路，当外施电压发生变化时，由于电感量的变化而产生谐振，这种现象称为铁磁谐振。产生铁磁谐振的基本条件是电路中有非线性电感元件，而电磁式电压互感器即典型的非线性电感元件，当电磁式电压互感器所在线路参数产生突变，即存在一个激发过程，例如，线路发生接地或者断线故障、跳闸或合闸操作以及由于某种原因造成中性点位移等，使得铁芯饱和而引起电压跃变。

电力系统的铁磁谐振往往与电压互感器铁芯过早饱和有关。电压互感器铁芯线圈感抗随着电压增大而下降，当铁芯饱和时，感抗下降会很快，线圈感抗变小至与线路容抗相同时，系统将发生铁磁谐振。铁磁谐振将使电压互感器承受过电压，铁芯磁通成倍增加，励磁电流加大，误差严重超差，此时电压互感器一次绕组流过的电流将远超过其正常的通流能力，在设备内部发生热效应积累导致设备损坏，甚至爆炸。某文献分析了某一级电站升压站35 kV 母线电压互感器爆炸事故:事故判定原因为在 35 kV 线路 B 相接地时，A 相和 C 相电压升高，引起电压互感器一次侧励磁电流增大，使得铁芯饱和，引发铁磁谐振，造成电压互感器爆炸。

防止铁磁谐振的措施包括：改善互感器的励磁特性，降低铁芯的磁密，采用饱和磁密较高的导磁材料;调整线路电容使得线路电容难以和电压互感器的电感产生谐振;采用阻尼,例如在电压互感器的剩余绕组接入适当的阻尼电阻等。以上措施对防止铁磁谐振各有一定的效果,但并不能适用于所有的电力系统的运行方式。就互感器设计和制造而言,除要保证合理的设计外,必须严格控制制造质量,确保产品的励磁特性的分散性很小,为运行部门采取防振措施提供比较可靠的参数。

为了保障运行的电压互感器和电流互感器的励磁特性满足运行需求,互感器在投入使用前,国家、行业、企业有相关规定要求必须进行出厂试验以及现场交接试验。除此以外,还要适时进行定期检查排查故障,这种试验即例行试验也称为预防性试验。10/20 kV 计量用电压互感器技术规范规定计量用电压互感器需进行铁芯磁饱和裕度试验,试验方法和要求为电压互感器的一次空载,在二次绕组施加额定工频电压,测量此时的励磁电流的有效值 I_{C1},然后将二次施加的电压升压至 2 倍的二次额定电压(对 20 kV 电压互感器所施加的电压为二次电压的 1.5 倍),再测量其励磁电流的有效值 I_{C2},两个电流的比值应不大于 15。10~35 kV 计量用电压互感器技术规范规定计量用电压互感器需进行励磁特性试验,试验方法参照 GB/T 22071.2—2017,测量点要求至少包括额定二次电压的 20%、50%、80%、120%、150%。以上两个试验可检验出电压互感器在 2 倍或者 1.5 倍额定电压内,是否出现拐点电压,可为避免系统铁磁谐振提供技术数据。10~35 kV 计量用电流互感器技术规范规定计量用电流互感器需进行磁饱和裕度试验,要求电流互感器铁芯中的磁通密度相当于额定电流和额定负荷状态下的 1.5 倍时,其误差应不大于误差限值的 1/5 倍。该试验的目标在于检验电流互感器铁芯饱和后的误差特性。

3.3 绝缘性能

35 kV 及以下计量用电力互感器多采用固体浇筑式绝缘结构或油绝缘结构,在生产过程中,由于操作不规范、工艺流程不完善等原因,在铁芯和绕组之间以及绕组与绕组之间可能存在气泡、金属微粒等缺陷,针对互感器绝缘缺陷的检测,经常借助耐压试验、局部放电检测、介质损耗因数检测等检测技术来诊断缺陷类型,为电力互感器的投运、运维提供建议,以保证工作人员的安全和电力系统的正常运行。

计量用电力互感器绝缘性能方面的缺陷可分为集中性缺陷和分布式缺陷。集中性缺陷是指相对于绝缘的某些局部区域,如绝缘局部受潮、局部机械损伤、绝缘内部气泡、瓷介质裂纹等。这类缺陷发展速度快,因而具有较大的危险性。分布式缺陷是由于如绝缘整体受潮和充油互感器的油老化、过热、过负荷及长时间过电压等作用导致的设备整体绝缘性能下降,它是一种绝缘劣化过程呈缓慢发展。运行经验表明,分布式缺陷如不及时处理将会由量变到质变，并转化为设备故障，最终导致损坏事故。

当然，无论是集中式绝缘缺陷还是分布式绝缘缺陷，一般都可以通过不同的试验方法及时发现。考核绝缘强度的耐压试验是发现这类缺陷最直接有效的手段之一，但对于高电压等级的设备耐压试验往往因现场试验条件的限制而难以进行。另一方面，耐压试验属于破坏性试验，耐压过程中对产品留下隐形损伤会存在累计效应，因此，这一试验方法不适合在所有场合下采用。检验绝缘特性的常规试验方法，其有效性各有特色。绝缘电阻测量、局部放电试验、介质损耗因数测试试验介绍如下：

绝缘电阻测量使用绝缘电阻表测量一次绕组对二次绕组的绝缘电阻，应大于 1 000 MΩ，二次绕组之间和二次绕组对地的绝缘电阻应大于 500 MΩ，绝缘电阻的测量电压不高，不会对电压互感器造成不可逆损伤，也能够及时发现绝缘受潮、贯穿性裂纹、油泥脏污、接线错误或其他严重的局部绝缘缺陷，试验设备简单，操作容易，所以对电压互感器做耐压试验之前，通常先进行绝缘电阻试验。

局部放电试验对发现电力互感器本体绝缘局部潜在的缺陷灵敏有效。电力互感器的局部放电与设计结构、工艺水平、材料质量等因素有关，保证局部放电水平是保证产品使用寿命的关键指标之一，局部放电量大意味着互感器内部存在缺陷，如：油纸绝缘的绝缘包扎不紧实；电屏尺寸有误或者电屏存在缺陷；真空处理或真空浇筑工艺不良，绝缘内存在气泡；绝缘中有金属异物或存在悬浮电位；屏蔽不好，有电场集中和场强过高的现象，材料质量不符合要求，有易于游离的物质产生等。上述互感器的绝缘缺陷均可以通过局部放电量指标反映，因此，局部放电试验是检验电力互感器绝缘性能的有效方法之一。

电力互感器的介质损耗因数取决于绝缘设计、绝缘真空干燥处理工艺和材料质量，且与电压和温度两个因素有关。油纸绝缘的互感器 $\tan\delta$ 值，随着电压的变化发生变化，若绝缘良好，这一变化不明显，甚至基本不变。如果绝缘内部有缺陷，如材质不好，或者干燥处理不好，绝缘材质中含水量偏高，$\tan\delta$ 值随着电压的变化会明显表现出来。温度变化也会使 $\tan\delta$ 随之变化。良好的油纸绝缘互感器，一般在 20 ~ 60 ℃ 之间出现 $\tan\delta$ 最低值，若温度降低，$\tan\delta$ 稍有增加。从介质损耗因数为最低点开始，$\tan\delta$ 随温度的上升有所增加，但能在产品的正常工作温度下保持稳定。介质损耗与电压平方成正比，互感器的介质损耗所消耗的功率使绝缘内部产生的热量，以及产品的铜损、铁损以及杂散损耗使产品发热，温度上升。正常情况下，发热与散热能保持平衡，产品的温度和 $\tan\delta$ 均能保持稳定。若 $\tan\delta$ 随着温度上升而不停增加，将会出现温度上升，$\tan\delta$ 继续增加，而 $\tan\delta$ 的增加又导致温度的上升，形成恶性循环，这种现象称为绝缘热不稳定。其结果是导致绝缘击穿，即绝缘热击穿。介质损耗因数测试的电压也不高，不会对电压互感器造成不可逆损伤，也能有效地发现设备的普遍老化、受潮、油质劣化、油泥脏污等整体缺陷。电力互感器的介质损耗因数是判断绝缘性能好坏的重要依据。

　　油绝缘的电力互感器进行绝缘油试验也可有效反映电力互感器的绝缘状况，一方面该试验可以直接反映油质本身的质量问题，如油质劣化等；另一方面，当互感器固定绝缘或导电材料存在局部过热或放电缺陷时，也会导致周围绝缘油裂解，从而间接反映到绝缘油的多项性能指标上。

　　电流互感器承受短路电流的能力：电流互感器在使用中可能会受到短路电流的冲击，因此，电流互感器必须有足够的承受短路电流热作用和机械力作用的能力。即要求电流互感器能满足一定的短时热电流要求和动稳定电流要求。温度过高时，金属材料的抗拉强度明显下降。例如，铜在长期工作温度高于 100 ℃ 以上时，机械强度有明显下降，在短时发热情况下，在 300 ℃ 左右机械强度明显下降。有机绝缘材料温度过高，会加速变脆老化，材料的绝缘性能也随之下降。电瓷温度过高，击穿强度明显下降。因此，为保证电流互感器的正常运行，要求电流互感器在短时热电流作用时温度不可超过一定限制。

配网计量用互感器性能检测技术

配网计量用互感器具有适用面广、年采购量较多、型号参数众多的特点，但目前在配网线路中使用的互感器质量参差不齐，故障率较高，经常出现爆炸或燃烧等现象。因此，不仅要对运行过程中的互感器进行严格的检测，还需对入网互感器在入网前进行全性能检测工作。按照互感器的性能相关规范进行管理，每一批互感器到货后，计量部门都需对其进行全性能试验和抽检，检测合格后方可安装使用。本章主要介绍配网计量用互感器全性能试验、抽检等涉及的标准以及配网计量用互感器的全性能试验的传统试验方法和一体化试验方法。

4.1 配网计量用互感器性能检测内容与规范

为了规范配网计量用互感器的检测，已形成了互感器检测相关的国家、行业和企业的系列标准。本系列标准包括《电力互感器检定规程》《互感器 第 1 部分：通用技术要求》《互感器 第 2 部分：电流互感器的补充技术要求》《互感器 第 3 部分：电磁式电压互感器的补充技术要求》《环境试验 第 2 部分：试验方法 试验 Cab：恒定湿热试验》《电工电子产品环境试验 第 2 部分：试验方法 试验 J 及导则：长霉》《电工电子产品环境试验 第 2 部分：试验方法 试验 Ka：盐雾》《环境试验 第 2 部分：试验方法 试验 Sa：模拟地面上的太阳辐射及其试验导则》《电工电子产品环境试验 第 2 部分：试验方法 试验 Eh：锤击试验》《一般公差 未注公差的线性和角度尺寸的公差》《电力用电流互感器使用技术规范》《中国南方电网有限责任公司计量用电流互感器技术规范》《电能计量用电子标签技术规范》《中国南方电网有限责任公司计量用电压互感器技术规范》《中国南方电网有限责任公司计量用组合互感器技术规范》15 个标准。

该系列标准将互感器检测分为全性能试验、互感器检定和生产要求三个方面。生产要求为根据国家标准中对互感器的技术要求，检测互感器的各项工艺要求。检定规程对互感器的检定提出了具体要求。全性能试验指按照相关国家标准及行业标准以及中国南方电网有限责任公司企标的要求，进行互感器外观检测、电气性能试验、机械性能试验和环境试验等方面的试验。互感器检定指依据计量法规要求对于首次入网的和已经入网运行的计量用互感器按期进行检定。

4.1.1 配网计量用互感器全性能试验内容

配网计量用互感器全性能试验包括结构和机械试验、电气性能试验和环境试验。具体如下：

4.1.1.1 配网计量用电流互感器全性能试验内容

（1）结构试验：包括检查外观、接线端子及标志、安装底板（座）和接地标志、外形和尺寸、铁芯及线圈、铭牌及变比标识。

（2）机械试验：包括着火危险试验、弹簧锤试验和底板载荷试验。

（3）环境试验：包括湿热试验、辐照试验、长霉试验和盐雾试验。

（4）电气性能试验：包括绕组极性检查、绝缘电阻试验、工频耐压试验、二次绕组匝间绝缘强度试验、雷电冲击耐压试验、局部放电试验、参比条件下误差试验、变差测试、误差重复性测试、剩磁误差试验、过负荷能力测试、仪表保安系数试验、极限工作温度下的误差试验和温升试验。

4.1.1.2 配网计量用电压互感器全性能试验内容

（1）结构试验：包括检查外观、接线端子及标志、安装底板和接地标志、电流比标识、外形和尺寸以及铭牌。

（2）机械试验：包括着火危险试验、弹簧锤试验和底板载荷试验。

（3）环境试验：包括湿热试验、辐照试验、长霉试验和盐雾试验。

（4）电气性能试验：包括绕组极性检查、绝缘电阻测试、工频耐压试验、感应耐压试验、雷电冲击耐压试验、局部放电试验、参比条件下的误差试验、极限工作温度下的误差试验、误差重复性试验、铁芯磁饱和裕度误差试验和短路承受能力试验。

4.1.1.3 配网计量用组合互感器全性能试验内容

（1）结构试验：包括检查外观、接线端子及标志、安装底板（座）和接地标志、外形和尺寸、铁芯及线圈、铭牌及变比标识。

（2）机械试验：包括着火危险试验、弹簧锤试验和底板载荷试验。

（3）环境试验：包括湿热试验、辐照试验、长霉试验和盐雾试验。

（4）电气性能试验：包括绕组极性检查、绝缘电阻试验、工频耐压试验、二次绕组匝间绝缘强度试验、感应耐压试验、局部放电试验、参比条件下的误差试验、电流互感器的变差、极限工作温度下的误差试验、误差重复性测试、剩磁误差试验、电流互感器的过负荷能力测试、电压互感器铁芯磁饱和裕度试验、仪表保安系数试验、短路承受能力试验、温升试验以及电压和电流的相互影响量试验。

4.1.2　配网计量用互感器全性能试验要求

4.1.2.1　配网计量用电流互感器全性能试验要求

1. 结构要求

（1）外观：器身应使用固化树脂材料浇注和固化工艺制造而成，有良好的电气、机械和阻燃性能，表面应平整、光洁、色泽均匀，器身一般采用棕红色。

电流互感器的爬电比距为 20 mm/kV，户外用电流互感器的爬电比距为 31 mm/kV。

（2）接线端子及标志：接线端材质应为电阻率不超过 1×10^{-7} Ω·m 的铜或铜合金，黄铜件表面宜镀镍或锌。

二次接线端子螺钉直径应为 6 mm，螺钉头为外六角加十字/一字通用槽。

二次接线端子应具备由聚碳酸酯制成的透明防护罩。此防护罩应可方便加封，应能防止外界环境直接或间接接触到接线螺钉，达到不破坏封印就无法拆除密封防护罩的要求。

（3）安装底板和接地标志：应有用于安装固定的材质为钢板的底板，底板周围设置 U 型卡槽。其中 10 kV 电流互感器底板厚度为 5 mm，20 kV 电流互感器底板厚度不小于 6 mm；在正常安装状态下，10 kV 电流互感器安装底板应能承受 1 000 N 的垂直与水平拉力；20 kV 电流互感器安装底板应能承受 2 000 N 的垂直与水平拉力。

电流互感器应有接地螺栓或接地板，接地处应有平坦的金属表面，并在其附近有明显的接地标识，且接地螺栓或螺丝直径不小于 8 mm。

（4）铁芯及线圈：互感器一次和二次线圈应使用耐热等级为 E 级及以上的漆包线绕制。

（5）铭牌及变比标识：在器身位于二次接线端子面的上方，应用激光蚀刻出电流互感器的铭牌、变比和出产编号。互感器必须有电子标签，在电子标签封装表面用光学方法加工条形码或二维码标牌。互感器的变比和资产编号需在本体刻录出（二次端子两侧面），字体清晰，颜色需明显易看。

2. 机械试验

（1）着火危险试验：根据 GB/T 5169.11 进行试验，试验选用（850 ± 15）℃的灼热丝，对电流互感器树脂材料和二次接线端子罩端分别切割一块厚度不小于 10 mm 树脂材料样块进行试验，试验时间为 30 s，灼热丝进入或贯穿样品深度为 7 mm，达到接触时间后将灼热丝慢慢分开。

（2）弹簧锤试验：按照 GB/T 2423.55 的规定，选用撞击元件质量为（250 ± 5）g 的弹簧锤以（0.50 ± 0.04）J 的撞击动能分别对壳体和二次端子罩的外表的每一个部位试验 5 次，试验后确保电流互感器的外观完整无损伤。

（3）底板载荷试验：从固定安装底板的水平及垂直两个方向上分别对器身中部持续 1 min 施加规定大小的持续力，10 kV 电流互感器施加 1 000 N，20 kV 电流互感器施加 2 000 N，样品无变形或断裂现象。

3. 环境试验

（1）湿热试验：环境严酷等级 T 级的电流互感器按照 GB/T 2423.3 的方法进行试验，试验周期为 10 d，温度为（40 ± 2）℃，湿度为（93 ± 3）% RH，湿热试验后，被试样品在温度为 25 ~ 40 ℃、相对湿度为 75% 及以下的环境条件下进行 2 h 的恢复处理；再在 30 min 内进行检测，主要进行外观检查、绝缘电阻测量、工频耐压试验以及误差试验，实验结果要求与正常情况下进行外观检查、绝缘电阻测量、工频耐压以及误差试验结果要求相同。

（2）辐照试验：环境严酷等级 T 级的电流互感器应按 GB/T 2423.24 规定的试验程序 B 进行 10 d × 24 h 的辐照试验，对试验后的产品进行外观检查、绝缘电阻测量、工频耐压试验以及误差测试，试验结果要求与正常情况下进行外观检查、绝缘电阻测量、工频耐压以及误差试验结果要求相同。

（3）长霉试验：环境严酷等级 T 级的电流互感器外露于空气的绝缘零部件应按 GB/T 2423.16 的规定进行 28 d 的长霉试验，试验后的长霉程度不超过 2a 级的规定。

（4）盐雾试验：环境严酷等级 T 级的电流互感器的金属电镀件和化学处理件应按 GB/T 2423.17 的规定进行盐雾试验。试验时的持续时间为 24 h，试验结束恢复后应进行外观检查、绝缘电阻测量、工频耐压试验。试验结果要求与正常情况下进行外观检查、绝缘电阻测量、工频耐压以及误差试验结果要求相同。

4. 电气性能试验

（1）绕组极性检查：按照《中国南方电网有限责任公司计量用电流互感器技术规范》的要求使用互感器校验仪检查绕组的极性。

（2）绝缘电阻试验：按照《中国南方电网有限责任公司计量用电流互感器技术规范》的要求，一次绕组对二次绕组的绝缘电阻应大于 1 500 MΩ、二次绕组之间和二次绕组对地的绝缘电阻应大于 500 MΩ。

（3）一次绕组工频耐受电压。

按照《中国南方电网有限责任公司计量用电流互感器技术规范》要求，一次绕组的额定绝缘水平和耐受电压应按照表 4-1 进行选取。

表 4-1 电流互感器的耐压值 单位：kV

额定电压 （方均根值）	设备最高电压 （方均根值）	额定短时工频耐压 （方均根值）	额定雷电冲击耐受电压 （峰值）
10	12	42/30，（28）	75，（60）
20	24	65/50，（50）	125，（95）

注：① 斜线上的数据为设备外绝缘干状态之耐压。
② 括号内的数据适用于直接接地系统。

（4）二次绕组匝间绝缘：按照《中国南方电网有限责任公司计量用电流互感器技术规范》的要求，二次绕组匝间绝缘应能承受短时工频耐压 4.5 kV（峰值）。对某些型式（如低安匝）的电流互感器，可允许采用较低的试验电压

（5）局部放电水平。

按照《中国南方电网有限责任公司计量用电流互感器技术规范》的要求，电流互感器的局部放电水平应不超过表 4-2 的规定值。

表 4-2 允许的局部放电水平

系统接地方式	局部放电电压/kV	局部放电允许水平（视在放电量） pC（固体绝缘）
中性点绝缘系统或非有效接地系统	$1.2U_m$	50
	$1.2U_m/\sqrt{3}$	20
中性点有效接地系统	U_m	50
	$1.2U_m/\sqrt{3}$	20

注：若中性点接地方式没有明确，局部放电水平可按中性点绝缘或非有效接地系统考虑。
局部放电的允许值，对于非额定频率也适用。
U_m 表示设备最高电压。

（6）准确度等级和误差要求。

按照《中国南方电网有限责任公司计量用电流互感器技术规范》的要求具体如下：

① 准确度等级：计量用电流互感器准确度等级为 0.2S。

② 误差限值：电流互感器在额定负荷范围内允许的误差限值如表 4-3 所示。

表 4-3　电流互感器允许的误差限值

等级	比值差，±% （在下列额定电流百分数时）					相位差，±′ （在下列额定电流百分数时）				
	1	5	20	100	120	1	5	20	100	120
0.2S	0.6	0.28	0.16	0.16	0.16	24	12	8	8	8

③ 变差。

电流互感器在 5%~120% I_n 时比值差和相位差的变差，应不超过其准确度等级的 2 个修约间隔，且其上升和下降时的误差均应符合表 4-3 的要求。（注：0.2S 级电流互感器的修约间隔为：比值差 0.02%，相位差 1′。）

④ 误差的重复性。

电流互感器在 20% I_n 时重复测量误差 6 次以上，其比值差和相位差的实验标准差应 ≤1 个修约间隔。

（7）运行变差影响。

① 剩磁影响：电流互感器充磁处理前后的误差之差，不得超过如表 4-3 所示允许误差限值的 1/3，且充磁处理前后的误差均应满足表 4-3 的要求。

② 过负荷能力：电流互感器应能在 150% 的额定一次电流下长期运行，并且其比值差 ≤ ±0.24%，相位差 ≤ ±12′。

4.1.2.2　配网计量用电压互感器全性能试验要求

1．结构要求

（1）外观：器身结构采用有良好电气、机械和阻燃性能的热固性树脂通过浇注和固化工艺制造，并设有便于人工搬运的器身凹槽；表面平整、光洁、色泽均匀，器身颜色宜采用棕红色。电压互感器爬电比距为 20 mm/kV。

（2）接线端子及标志：接线端子（包括：埋入嵌母、接线压片、接线螺钉）使用电阻率不超过 $1×10^{-7}\,Ω·m$ 的铜或铜合金制成，黄铜件表面宜镀镍或锌。

二次接线端子的螺钉直径为 6 mm，螺钉头为外六角加十字/一字槽通用。

二次接线端子应具备由聚碳酸酯制成的透明防护罩。此防护罩应可方便加封，应能防止外界环境直接或间接接触到接线螺钉，达到不破坏封印就无法拆除密封防护罩的要求。

（3）安装底板和接地标志：应有用于安装固定的材质为钢板的底板，底板周围设置U型卡槽。其中 10 kV 电压互感器底板厚度为 5 mm，20 kV 电压互感器底板厚度不小于 6 mm。在正常安装状态下，10 kV 电压互感器安装底板应能承受 1 000 N 的垂直与水平拉力；20 kV 电压互感器安装底板应能承受 2 000 N 的垂直与水平拉力。

电压互感器应有接地螺栓或接地板，接地处应有平坦的金属表面，并在其附近有明显的接地标识且接地螺栓或螺丝直径不小于 8 mm。

（4）铁芯及线圈：三相电压互感器的铁芯应相互独立；互感器一次和二次线圈应使用耐热等级为 F 级及以上的漆包线绕制。

（5）铭牌及变比标识：在器身位于二次接线端子面的上方，应用激光分别蚀刻出电压互感器的铭牌、变比和出厂编号。

互感器必须有条形码标牌或二维码标牌，材质为铝或不锈钢，采用铆钉固定在底座上，内容清晰。

2. 机械试验

（1）着火危险试验：根据 GB/T 5169.11 进行试验，试验选用（850±15）℃的灼热丝，对电压互感器树脂材料和二次接线端子罩端分别切割出一块厚度不小于 10 mm 树脂材料样块进行试验，灼热丝顶部以 10~25 mm/s 的速率接近和离开样品，临近接触时应将接近速率减小至接近零，以确保冲击力不超过 1.0 N；试验时间为 30 s，灼热丝进入或贯穿样品深度为 7 mm，达到接触时间后将灼热丝慢慢分开。

（2）弹簧锤试验：按照 GB/T 2423.55 的规定，选用撞击元件质量为（250±5）g 的弹簧锤，以（0.50±0.04）J 的撞击动能分别对壳体和二次端子罩的外表上每一个部位试验 5 次，试验后确保电压互感器的外观完整无损伤。

（3）底板载荷试验：从固定安装底板的水平及垂直两个方向上对器身中部持续 1 min 施加规定大小的持续力，10 kV 电压互感器施加 1 000 N，20 kV 电压互感器施加 2 000 N，样品无变形或断裂现象。

3. 环境试验

（1）湿热试验：环境严酷等级 T 级的电压互感器按照 GB/T 2423.3 的方法进行试验，试验周期为 10 d，温度（40±2）℃，湿度（93±3）% RH，湿热试验后，被试样品在温度为 25~40 ℃ 范围内、相对湿度为 75%及以下的环境条件下进行 2 h 的恢复处理，然后在 30 min 内进行检测，主要进行外观检查、绝缘电阻测量、工频耐压试验以及误差试验，实验结果要求与正常情况下进行外观检查、绝缘电阻测量、工频耐压以及误差试验结果要求相同。

（2）辐照试验：环境严酷等级 T 级的电压互感器应按 GB/T 2423.24 规定的试验程序 B 进行 10 d×24 h 的辐照试验，试验后的产品进行外观检查、绝缘电阻测量、工频耐压试验以及误差测试，试验结果要求与正常情况下进行外观检查、绝缘电阻测量、工频耐压以及误差试验结果要求相同。

（3）长霉试验：环境严酷等级 T 级的电压互感器外露于空气的绝缘零部件应按 GB/T 2423.16 的规定进行 28 d 的长霉试验，试验后的长霉程度不超过 2a 级的规定。

（4）盐雾试验：环境严酷等级 T 级的电流互感器的金属电镀件和化学处理件应按 GB/T 2423.17 规定进行盐雾试验。试验时的持续时间为 24 h，试验结束恢复后应进行一下外观检查、绝缘电阻测量、工频耐压试验，试验结果要求与正常情况下进行外观检查、绝缘电阻测量、工频耐压以及误差试验结果要求相同。

4. 电气性能试验

（1）铁芯磁饱和裕度。

根据《中国南方电网有限责任公司计量用电压互感器技术规范》要求，额定一次电压为 10 kV，$10/\sqrt{3}$ kV 的电压互感器在承受 2 倍的额定电压时，其铁芯应不饱和；额定一次电压为 20 kV，$20/\sqrt{3}$ kV 的电压互感器在承受 1.5 倍的额定电压时，其铁芯应不饱和。

（2）绝缘要求。

① 绝缘电阻：一次绕组对二次绕组的绝缘电阻应大于 1 000 MΩ，二次绕组之间和二次绕组对地的绝缘电阻应大于 500 MΩ。

② 额定绝缘水平：

一次绕组的额定绝缘水平和耐受电压如表 4-4 所示。

表 4-4　电压互感器的额定绝缘水平和耐受电压　　　　单位：kV

额定电压（方均根值）	设备最高电压（方均根值）	额定短时工频耐压（方均根值）	额定雷电冲击耐受电压（峰值）	截断雷电冲击耐受电压（峰值）
10	12	42/30，（28）	75，（60）	85
20	24	65/50，（50）	125，（95）	140

注：① 额定短时工频耐压斜线上的数据为设备外绝缘干状态之耐受电压，额定雷电冲击耐受电压为设备内绝缘耐受电压；
　　② 不接地的电压互感器感应耐受电压采用斜线下的数据，括号内的数据适用于直接接地系统
　　③ 局部放电水平：电压互感器的局部放电水平应不超过如表 4-5 所示的规定值。

表 4-5　允许的局部放电水平

系统接地方式	一次绕组的连接方式	局部放电电压/kV	局部放电允许水平（视在放电量）/pC（固体绝缘）
中性点绝缘系统或非有效接地系统	相对地	$1.2U_m$ $1.2U_m/\sqrt{3}$	50 20
	相对相	$1.2U_m$	20
中性点有效接地系统	相对地	U_m $1.2U_m/\sqrt{3}$	50 20
	相对相	$1.2U_m$	20

注：若中性点接地方式没有明确，局部放电水平可按中性点绝缘或非有效接地系统考虑。

（3）准确度等级和误差要求。

① 准确度等级。

计量用电压互感器的准确度等级为 0.2 级。

② 误差限值。

电压互感器一次电压范围为 80%～115%U_n 时，其在额定负荷范围内允许的误差限如表 4-6 所示。

表 4-6　电压互感器允许的误差限

等级	负荷	比值差，±%（在下列额定电压百分数时）			相位差，±'（在下列额定电压百分数时）		
		80	100	115	80	100	115
0.2	额定值和下限值	0.16	0.16	0.16	8	8	8

注：负荷的下限值一律为 2.5 VA。

③ 误差的重复性。

电压互感器在 100%U_n 时重复测量 6 次以上，其比值差和相位差的试验标准差应≤1 个修约间隔。（注：0.2 级电压互感器的修约间隔为：比值差 0.02%；相位差 1'。）

4.1.2.3　配网计量用组合互感器全性能试验要求

1. 结构要求

（1）外观：组合互感器应采用复合绝缘形式，采用热固性树脂通过浇注和固化工艺制造，在固化树脂器身外覆盖硅橡胶保护层，并设有用于吊装的部件，具备便于人工搬运的把手。材料应具有良好的电气、机械和阻燃性能，并具有良好的耐候性及憎水性，表面应平整、光洁、色泽均匀，器身颜色宜采用灰白色。组合互感器爬电比距为 31 mm/kV。

（2）接线端子及标志：接线端子（包括埋入嵌母、接线压片、接线螺钉、一次导体）应使用电阻率不超过 $1 \times 10^{-7} \Omega \cdot m$ 的铜或铜合金制成，黄铜件表面宜镀镍或锌。互感器一、二次接线端子按减极性标注，一、二次接线端子极性标志应同时浇注或用激光蚀刻出，字体清晰。一次端子标志字高不小于 15 mm（若为两元件，B 相一次端子标志字高不小于 6 mm），二次接线端子字符高度不小于 5 mm。二次接线端子的螺钉直径应为 6 mm，螺钉头为外六角加十字/一字槽通用；表面应光洁、无油污；组合互感器一次和二次接线端子均应有防护罩，且有足够的机械强度；二次防护罩能进行封印，满足不破坏封印就无法拆除防护罩的要求。

（3）安装底座和接地标志：组合互感器应有用于安装固定的底座。底座应使用钢板制造，表面应进行防腐蚀处理，底座周围应设置吊装的吊环。在正常安装状态下，10 kV 电压互感器安装底座应能承受 2 000 N 的垂直与水平拉力；20 kV 互感器安装底板应能承受 4 000 N 的垂直与水平拉力。

组合互感器应有接地螺栓或接地板，接地处应有平坦的金属表面，并在其附近有明显的接地标识，接地螺栓或螺丝直径不小于 8 mm。

（4）铁芯及线圈：互感器的铁芯应相互独立；电流互感器一次和二次线圈应使用耐热等级为 E 级及以上的漆包线绕制；电压互感器一次和二次线圈应使用耐热等级为 F 级及以上的漆包线绕制。

（5）铭牌及变比标识：铭牌材质为铝或不锈钢，应采用激光蚀刻，内容清晰，并具有条形码或二维码，可防紫外线辐射，在使用寿命期内不褪色、易读取。主铭牌应固定在互感器二次端子盖板上，应能防撬、防伪；应有电子标签，宜粘贴固定在互感器二次接线端面上方。

2. 机械试验

（1）着火危险试验：根据 GB/T 5169.11 进行试验，试验选用（850 ± 15）℃的灼热丝，对组合互感器树脂材料和二次接线端子罩端分别切割一块厚度不小于 10 mm 的树脂材料样块进行试验，灼热丝顶部以 10 ~ 25 mm/s 范围内的速率接近和离开样品，临近接触时应将接近速率减小至接近零以确保冲击力不超过 1.0 N；试验时间为 30 s，灼热丝进入或贯穿样品深度为 7 mm，达到接触时间后将灼热丝慢慢分开。

（2）底板载荷试验：从固定安装底板的水平及垂直两个方向上分别对器身中部持续 1 min 施加规定大小的持续力，10 kV 组合互感器施加 2 000 N，20 kV 组合互感器施加 4 000 N，样品无变形或断裂现象。

3. 环境试验

（1）湿热试验：环境严酷等级 T 级的电压互感器按照 GB/T 2423.3 的方法进行试验，试验周期为 10 d，温度（40±2）℃，湿度（93±3）% RH，湿热试验后，被试样品在温度为 25~40 ℃、相对湿度为 75%及以下的环境条件下进行 2 h 的恢复处理，然后在 30 min 内进行检测，主要进行外观检查、绝缘电阻测量、工频耐压试验以及误差试验，试验结果要求与正常情况下进行外观检查、绝缘电阻测量、工频耐压以及误差试验结果要求相同。

（2）辐照试验：环境严酷等级 T 级的电压互感器应按 GB/T 2423.24 规定的试验程序 B 进行 10 d×24 h 的辐照试验，试验后的产品进行外观检查、绝缘电阻测量、工频耐压试验以及误差测试，试验结果要求与正常情况下进行外观检查、绝缘电阻测量、工频耐压以及误差试验结果要求相同。

（3）长霉试验：环境严酷等级 T 级的电压互感器外露于空气的绝缘零部件应按 GB/T 2423.16 的规定进行 28 d 的长霉试验，试验后的长霉程度不超过 2a 级的规定。

（4）盐雾试验：环境严酷等级 T 级的组合互感器的金属电镀件和化学处理件应按 GB/T 2423.17 规定进行盐雾试验。试验时的持续时间为 24 h，试验结束恢复后应进行外观检查、绝缘电阻测量、工频耐压试验，试验结果要求与正常情况下进行外观检查、绝缘电阻测量、工频耐压以及误差试验结果要求相同。

4. 电气性能试验

配网计量用组合互感器的电气性能试验要求除电压和电流的相互影响试验外，其余均与配网计量用电流/电压互感器的电气性能要求相同，在此只对电压和电流的相互影响试验要求进行阐述：

当电流互感器在 1%~150%额定电流之间工作，电压互感器在 80%~115%额定电压之间，负荷在规定的范围内时，其比值差和相位差应满足表 4-6 的要求。

当电压互感器在 80%~115%额定电压之间工作，电流互感器的电流在 1%~120%额定电流之间，负荷在规定的范围内时，其比值差和相位差应满足表 4-3 的要求。

4.2 配网计量用互感器传统性能试验方法

4.2.1 配网计量用电压互感器传统性能试验方法

全性能试验：为验证产品的性能是否达到标准要求而进行的试验，适用于对招标产品的性能评定。全性能试验的样品数不少于 3 台，当被试产品的所有项目都试验合格才认为该型号电流互感器的全性能试验合格，否则认为全性能试验不合格。试验项目如表 4-7 所示。

表 4-7　试验项目

序号	名称	出厂试验	全性能试验	抽样验收试验	安装前检验	不合格类别
1	外观检查	+	+	+	+	C
2	绕组极性检查	+	+	+	+	A
3	绝缘电阻测量	+	+	+	+	A
4	工频耐压试验	+	+	+	+	A
5	感应耐压试验	+	+	−	+	A
6	雷电冲击耐压试验	−	+	−	−	A
7	局部放电试验	+	+	−	−	A
8	参比条件下的误差试验	+	+	+	+	A
9	极限工作温度下的误差试验	−	+	−	−	B
10	误差重复性测试	−	+	−	−	A
11	铁芯磁饱和裕度试验	−	+	+	−	A
12	短路承受能力	−	+	−	−	B
13	湿热试验（T 级）	−	+	−	−	B
14	辐照试验（T 级）	−	+	−	−	B
15	长霉试验（T 级）	−	+	−	−	B
16	盐雾试验（T 级）	−	+	−	−	B
17	着火危险试验	−	+	−	−	B
18	弹簧锤试验	−	+	−	−	B
19	底板载荷试验	−	+	−	−	C
20	电子标签测试	−	+	+	−	B

注：①"＋"表示必须进行的试验项目，"－"表示不强制的项目。
②"T 级"表示环境类别和严酷等级为 T 级的电压互感器。
③若使用环境不在上表范围内，特别标注的环境要求应在全性能试验中增加相应的试验项目进行检验。

本节将具体列举配网计量用电压互感器全性能试验中电气性能试验的传统试验方法和设备。

4.2.1.1 绕组极性检查方法

根据中国南方电网有限责任公司企业标准《计量用互感器技术规范》，采用互感器校验仪检查配网计量用电压互感器的绕组的极性。根据互感器的接线标志，按照比较法线路完成测量接线后，将电压升至额定值的 5%以下试测，用校验仪的极性指示功能或误差测量功能，确定互感器的极性。

绕组极性检查试验所需试验设备为调压器、升压器、标准电压互感器以及互感器校验仪，试验接线如图 4-1 所示，试验实物图如图 4-2 所示。

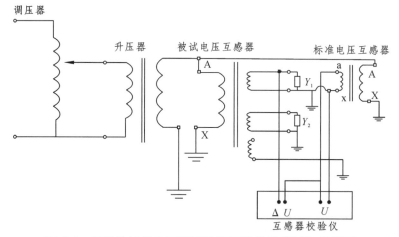

图 4-1　配网计量用电压互感器绕组极性检查试验接线图

图 4-2　配网计量用电压互感器绕组极性检查实物图

试验设备技术参数如下：

（1）调压器（1台）：

① 输入电压：380 V。

② 输出电压：0～400 V。

③ 额定容量：5 kVA。

（2）升压器（1台）：

① 输入电压：0～400 V。

② 输出电压：0～42 kV。

（3）标准电压互感器（1台）：

① 一次电压：35 kV、35/$\sqrt{3}$ kV 或者 10 kV、10/$\sqrt{3}$ kV 或者 6 kV、6/$\sqrt{3}$ kV。

② 二次电压：100/$\sqrt{3}$ V、100 V。

③ 额定负荷：0.07 VA、0.2 VA。

④ 功率因数：1.0。

⑤ 准确度等级：0.02级。

（4）互感器校验仪：

① 整机准确度：2级。

② 工作电压、工作电流、百分表准确度：1级。

③ 工作电压范围：5～120 V。

④ 工作电流范围：50 mA～6 A。

⑤ ΔV 测量范围：0.1 mV～200 V（PT或阻抗）。

⑥ ΔI 测量范围：5 μA～3 A。

4.2.1.2　绝缘电阻试验的方法

配网计量用电压互感器的绝缘电阻试验，要求使用2 500 V 绝缘电阻表进行测量，试验接线如图 4-3（a）所示。测量前检查绝缘电阻表处于良好状态，在测量前后应对被试电压互感器进行充分放电，以确保设备和人身安全。实物图如图 4-3（b）所示。

绝缘电阻表技术参数如下：

供电电源：单相 50 Hz、AC 220（1±10%）V。

准确度等级：不低于10级。

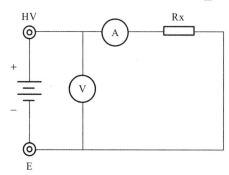

（a）试验接线图

（b）实物图

图 4-3　配网计量用电压互感器绝缘电阻试验图

4.2.1.3　误差测量试验的方法

　　配网计量用电压互感器的误差试验采用比较法，试验接线如图 4-4 所示，需要调压器、升压器、标准电压互感器、电压负荷箱以及互感器校验仪，试验实物图如图 4-5 所示。

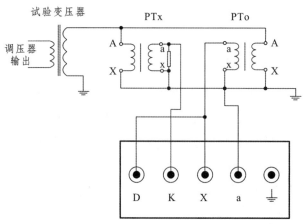

图 4-4　配网计量用电压互感器误差试验接线图

图 4-5　35 kV 及以下计量用电压互感器误差试验实物图

试验设备技术参数如下：

（1）调压器（1 台）：

① 输入电压：380 V。

② 输出电压：0～400 V。

③ 额定容量：5 kVA。

（2）升压器（1 台）：

① 输入电压：0～400 V。

② 输出电压：0～42 kV。

（3）标准电压互感器（1 台）：

① 一次电压：35 kV、$35/\sqrt{3}$ kV 或者 10 kV、$10/\sqrt{3}$ kV 或者 6 kV、$6/\sqrt{3}$ kV。

② 二次电压：$100/\sqrt{3}$ V、100 V。

③ 额定负荷：0.07 VA、0.2 VA。

④ 功率因数：1.0。

⑤ 准确度等级：0.02 级。

（4）电压负荷箱：

① 一次电压：$100/\sqrt{3}$ V、100 V。

② 额定负荷：1.25～158.75 VA。

③ 功率因数：1.0、0.8。

④ 准确度等级：3 级。

（5）互感器校验仪：

① 整机准确度：2 级。

② 工作电压、工作电流、百分表准确度：1 级。

③ 工作电压范围：5 ~ 120 V。

④ 工作电流范围：50 mA ~ 6 A。

⑤ ΔV 测量范围：0.1 mV ~ 200 V（PT 或阻抗）。

⑥ ΔI 测量范围：5 µA ~ 3 A。

4.2.1.4　误差重复性试验的方法

配网计量用电压互感器的误差重复性试验是按照误差测量试验的方法接线后，在 $100\%U_{n}$ 时重复测试 6 次以上，每次测试不必重新接线，但应断开电源。其试验标准偏差 S 按以下公式计算：

$$S = \sqrt{\frac{1}{n-1}\sum_{i=1}^{n}(\gamma_{i} - \overline{\gamma})^{2}} \qquad (4-1)$$

式中，n 为测量次数；γ_{i} 为第 i 次测量时的误差；$\overline{\gamma}$ 为各次测量误差的平均值。

所需要的试验设备同图 4-5 所示。

4.2.1.5　工频耐压试验的方法

配网计量用电压互感器的工频耐压试验试验接线如图 4-6 所示，需要调压器、试验变压器、分压器，试验实物图如图 4-7 所示。

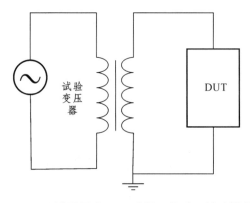

图 4-6　配网计量用电压互感器工频耐压试验接线图

图 4-7　35 kV 及以下计量用电压互感器一次对二次及地之间的工频耐压试验实物图

试验设备技术参数如下：

（1）调压器（1 台）：

① 输入电压：380 V。

② 输出电压：0～400 V。

③ 额定容量：5 kVA。

（2）试验变压器（1 台）：

① 输入电压：0～400 V。

② 输出电压：0～100 kV。

（3）分压器（1 台）

① 分压比：100 000：100。

② 额定电压：100 kV。

③ 准确度等级：1.5 级。

④ 电容量：1 000 pF。

4.2.1.6　局部放电试验方法

配网计量用电压互感器的局部放电试验试验接线如图 4-8 所示，需要局放电源、无局放试验变压器、局放测试仪、无局放耦合电容、补偿电抗器，试验实物图如图 4-9 所示。

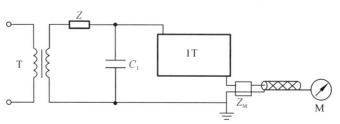

图 4-8　配网计量用电压互感器的局部放电试验接线图

图 4-9　35 kV 及以下计量用电压互感器的局部放电试验设备

试验设备技术参数如下：

（1）局放电源：

① 线性变频电源。

② 输入电压：380 V。

③ 输出电压：0～420 V。

④ 输出频率：50～200 Hz。

⑤ 额定容量：30 kVA。

（2）无局放试验变压器：

① 输入电压：0～400 V。

② 输出电压：0～100 kV。

③ 额定容量：30 kVA。

④ 局放量：50 kV 时不大于 5 pC。

（3）补偿电抗器：

① 额定电压：100 kV。

② 额定电流：1.3 A。

③ 电感量：250 H。

（4）局放测试设备：

① 测量通道：2。

② 检测灵敏度：0.1 pC。

③ 测量频带：−6 dB 带宽 10～500 kHz 多档任意组合；低段分 10 k、20 k、40 k、80 k；高段分 100 k、200 k、300 k、500 k。

④ 增益范围：−20～+40 dB 四档，可粗调细调。

⑤ 采样精度：12 bit。

⑥ 采样速率：10 M/s。

⑦ 外部电压监测：有效值电压，14 位 A/D 精度。

⑧ 同步：内外可选，外同步：30～300 Hz 自动同步。

⑨ 外零标电压输入范围：10～220 V。

⑩ 各量程档位线性度误差<5%±1 pC。

（5）无局放耦合电容：

① 额定电压：100 kV。

② 电容量：500 pF。

③ 局放量：5 pC（50 kV）。

4.2.1.7 二次对地工频耐压试验方法

35 kV 及以下计量用电压互感器的二次对地工频耐压试验需要调压器、试验变压器、分压器，试验接线如图 4-10 所示，试验实物图如图 4-11 所示。

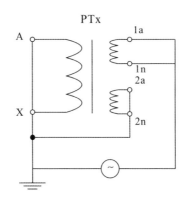

图 4-10 配网计量用电压互感器的二次对地工频耐压试验接线图

图 4-11　配网计量用电压互感器的二次对地工频耐压试验实物图

试验设备技术参数如下：

（1）调压器（1台）：

① 输入电压：380 V。

② 输出电压：0 ~ 400 V。

③ 额定容量：5 kVA。

（2）励磁变压器（1台）：

① 输入电压：0 ~ 400 V。

② 输出电压：0 ~ 5 kV。

（3）分压器（1台）

① 分压比：100 000 : 100。

② 额定电压：100 kV。

③ 准确度等级：1.5 级。

④ 电容量：1 000 pF。

4.2.1.8　感应耐压试验方法

配网计量用电压互感器的感应耐压试验按照 GB/T 20840.3—2013，7.3.2.303 的要求进行试验，试验前后，电压互感器的误差变化量应不超过误差限值表规定值的 1/4。

试验接线如图 4-12 所示，需要三倍频电源、分压器，试验实物图如图 4-13 所示。

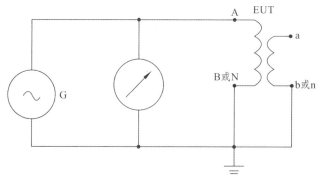

图 4-12　配网计量用电压互感器的感应耐压试验接线图

图 4-13　配网计量用电压互感器的感应耐压试验实物图

试验设备技术参数如下：

（1）三倍频电源（1台）：

① 输入电压：380 V 三相。

② 输出 0～360 V 单相。

③ 容量：10 kVA。

④ 输出频率：150 Hz。

（2）分压器（1台）：

① 分压比：100 000∶100。

② 额定电压：100 kV。

③ 准确度等级：1.5级。

④ 电容量：1 000 pF。

4.2.1.9 励磁特性测量试验方法

配网计量用电压互感器的励磁特性测量试验，需要励磁特性测试仪，从电压互感器二次加压，试验电压频率为 50 Hz，电源波形应为实际正弦波。通过测量表计分别测量输入电压、电流的数值，试验接线如图 4-14 所示，试验实物图如图 4-15 所示。

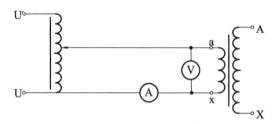

图 4-14　励磁特性测量试验接线图

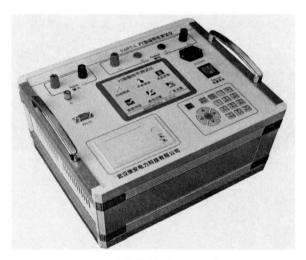

图 4-15　励磁特性测量试验实物图

励磁特性测试仪技术参数如下：

（1）输入电源电压：AC 220（1±10%）V，50 Hz。

（2）输出：0～180 V_{rms}，12 A_{rms}，36 A（峰值）。

（3）准确度：±0.2%。

（4）PT 变比测量范围：1～10 000。

（5）CT 变比测量范围：1～30 000。

（6）相位测量：准确度 ±5′，分辨率 0.5′。

（7）二次绕组电阻测量范围：0～300 Ω，分辨率 0.2 mΩ，精度 2%±2 mΩ。

4.2.1.10　短路承受能力试验的方法

配网计量用电压互感器的短路承受能力试验，需要调压器、大电流变压器、示波器以及控制装置，试验原理图如图 4-16 所示，试验实物图如图 4-17 所示。

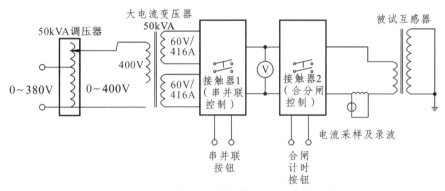

图 4-16　配网计量用电压互感器的短路承受能力试验原理图

图 4-17　配网计量用电压互感器的短路承受能力试验实物图

试验设备技术参数如下：

（1）调压器：

① 容量：50 kVA。

② 输入电压：0 ~ 380 V。

③ 输出电压：0 ~ 400 V。

（2）大电流变压器：

① 输入电压：0 ~ 400 V。

② 串联输出电压：0 ~ 140 V。

③ 串联输出电流：0 ~ 357 A。

④ 并联输出电压：0 ~ 70 V。

⑤ 并联输出电流：0 ~ 714 A。

⑥ 容量：50 kVA。

（3）录波器：具备输入电压、输出电压、短路电流、短路电流波形测量功能。

（4）控制装置：具备控制调压、计时、时间达到后自动降压的功能。

4.2.2 配网计量用电流互感器传统性能试验方法

4.2.2.1 试验项目

配网计量用电流互感器的试验主要参照以下标准执行：

（1）《互感器 第 1 部分：通用技术要求》（GB 20840.1—2010）。

（2）《互感器 第 3 部分 电磁式电压互感器的补充技术要求》（GB 20840.2—2013）。

（3）《10 kV/20 kV 计量用电流互感器技术规范》。

配网计量用电流互感器检验类型可分为型式试验、例行试验、出厂检验、特殊试验、全性能试验，试验项目明细表如表 4-8 所示。

（1）型式试验：对每种型式的配网计量用电流互感器进行的试验，用以验证按同一技术规范制造的设备是否满足技术规范的全部要求。

（2）例行试验：每台设备都应承受的试验。例行试验是为了反映制造上的缺陷。这些试验不损伤试品的特性和可靠性。

（3）特殊试验：型式试验或例行试验之外经制造方与用户协商同意的试验。

（4）抽检试验：对指定生产批量中抽取的一台或多台完整互感器进行选定的型式试验或特殊试验。

（5）全性能试验：为验证产品的性能是否达到标准要求而进行的试验，适用于对招标产品的性能评定。全性能试验的样品数不少于 3 台，当被试产品的所有项目均试验合格才认为该型号电流互感器的全性能试验合格，否则认为全性能试验不合格。

表 4-8　配网计量用电流互感器试验项目

序号	名称	出厂试验	全性能试验	抽样验收试验	安装前检验	不合格类别
1	外观检查	+	+	+	+	C
2	绕组极性检查	+	+	+	+	A
3	绝缘电阻测量	+	+	+	+	A
4	工频耐压试验	+	+	+	+	A
5	二次绕组匝间绝缘强度试验	+	+	+	−	A
6	局部放电试验	+	+	+	−	A
7	雷电冲击耐压试验	−	+	−	−	A
8	参比条件下的误差试验	+	+	+	+	A
9	变差测试	−	+	−	−	A
10	误差重复性测试	−	+	−	−	A
11	剩磁误差试验	−	+	+	−	A
12	过负荷能力测试	−	+	+	−	A
13	仪表保安系数试验	−	+	−	−	C
14	极限工作温度下的误差试验	−	+	−	−	B
15	温升试验	−	+	−	−	B
16	湿热试验（T 级）	−	+	−	−	B
17	辐照试验（T 级）	−	+	−	−	B
18	长霉试验（T 级）	−	+	−	−	B
19	盐雾试验（T 级）	−	+	−	−	B
20	着火危险试验	−	+	−	−	B
21	弹簧锤试验	−	+	−	−	B
22	底板载荷试验	−	+	−	−	C
23	电子标签试验	−	+	+	−	B

注：①"＋"表示必须进行的试验项目，"－"表示不强制的项目。
②"T 级"表示环境类别和严酷等级为 T 级的电流互感器。
③若使用环境不在 P 级环境温度 − 25～55 ℃、A 级环境温度 − 40～70 ℃范围内，特别标注的
环境要求应在全性能试验中增加相应的试验项目进行检验。

本小节将列举配网计量用电流互感器全性能试验中绕组极性检查、误差测试、误差的重复性测试、绝缘电阻测试、工频耐压试验、局部放电试验、感应耐压试验、温升试验、短时电流试验、二次绕组匝间绝缘试验、剩磁影响试验、过负荷能力测试的传统试验方法和试验设备。

4.2.2.2 误差测量试验的方法

配网计量用电流互感器的误差试验需要调压器、升流器、标准电流互感器、电流负荷箱以及互感器校验仪，试验接线如图 4-18 所示，试验实物图如图 4-19 所示。

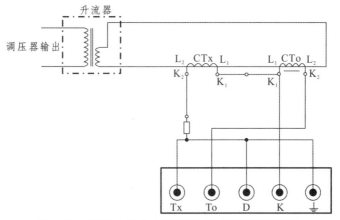

图 4-18 配网计量用电流互感器误差试验接线图

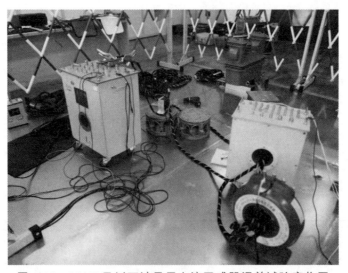

图 4-19 35 kV 及以下计量用电流互感器误差试验实物图

试验设备技术参数如下：

（1）调压器（1 台）：

① 输入电压：380 V。

② 输出电压：0 ~ 400 V。

③ 额定容量：5 kVA。

（2）升流器（1 台）：

① 输入电压：0 ~ 400 V。

② 输出电压：3 000 A/4 V。

（3）标准电压互感器（1 台）：

① 一次电流：5 ~ 2 000 A。

② 二次电流：5 A、1 A。

③ 额定负荷：5 VA、1 VA。

④ 准确度等级：0.02S 级。

（4）电流负荷箱：

① 额定电流：5 A、1 A。

② 额定负荷：1 ~ 60 VA。

③ 功率因数：1.0、0.8。

④ 准确度等级：3 级。

（5）互感器校验仪：

① 整机准确度：2 级。

② 基本误差：

$$\text{同相分量：} \Delta x = \pm \left(X \times 2\% + Y \times 2\% \pm 2 \text{ 个字} \right)$$

$$\text{正交分量：} \Delta y = \pm \left(X \times 2\% + Y \times 2\% \pm 2 \text{ 个字} \right)$$

式中　Δx、Δy——分别为同相分量和正交分量的允许误差；

　　　X、Y——分别为同相分量和正交分量读数的绝对值。

③ 工作电压、工作电流、百分表准确度：1 级。

④ 工作电压范围：5 ~ 120 V。

⑤ 工作电流范围：50 mA ~ 6 A。

⑥ ΔV 测量范围：0.1 mV ~ 200 V（PT 或阻抗）。

⑦ ΔI 测量范围：5 μA ~ 3 A。

4.2.2.3 误差重复性试验的方法

配网计量用电流互感器的误差重复性试验是按照图 4-18 所示接线后，在 $20\%I_n$ 时重复测试 6 次以上，每次测试不必重新接线，但应该断开电源。其实验标准偏差 S 按以下公式计算：

$$S = \sqrt{\frac{1}{n-1}\sum_{i=1}^{n}(\gamma_i - \overline{\gamma})^2} \qquad (4\text{-}2)$$

式中 n——测量次数；

      γ_i——第 i 次测量时的误差；

      $\overline{\gamma}$——各次测量误差的平均值。

所需要的试验设备同 4.2.2.2。

4.2.2.4 绝缘电阻试验的方法

配网计量用电流互感器的绝缘电阻试验，要求使用 2 500 V 绝缘电阻表进行测量，如图 4-3（a）所示，试验实物图如图 4-20 所示。测量前检查绝缘电阻表处于良好状态，在测量前后应对被试电压互感器进行充分放电，以确保设备和人身安全。绝缘电阻表准确度等级不低于 10 级。

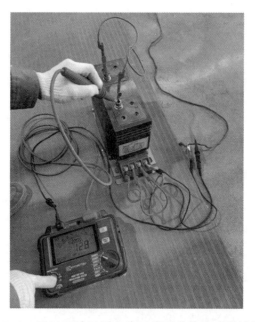

图 4-20   35 kV 及以下计量用电流互感器的绝缘电阻试验实物图

4.2.2.5 工频耐压试验的方法

配网计量用电流互感器的工频耐压试验需要调压器、试验变压器、分压器，试验接线如图 4-6 所示，试验实物图如图 4-21 所示。设备同 4.2.1.5。

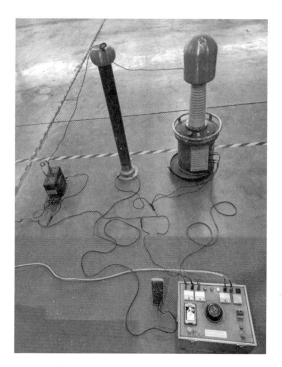

图 4-21　35 kV 及以下计量用电流互感器的工频耐压试验实物图

4.2.2.6 局部放电试验方法

配网计量用电流互感器的局部放电试验需要局放电源、无局放试验变压器、局放测试仪、无局放耦合电容、补偿电抗器，试验接线如图 4-8 所示。试验设备同 4.2.1.6。

4.2.2.7 感应耐压试验方法

配网计量用电流互感器的感应耐压试验需要三倍频电源、分压器，试验接线如图 4-12 所示，试验设备同 4.2.1.8。

4.2.2.8 配网计量用电流互感器短路电流试验方法

配网计量用电流互感器的短路电流试验，需要调压器、升流器、测量电流互感器、示波器，试验原理如图 4-22 所示。

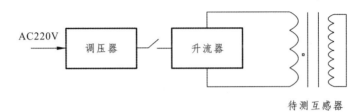

图 4-22 配网计量用电流互感器的短路电流试验原理图

试验设备技术参数如下：

（1）调压控制电源：

① 输入电压：380 V。

② 输出电压：0～420 V。

③ 额定容量：300 kVA。

（2）升流器：

① 输入电压：0～200 V。

② 输出：满足 50 kA/3 s，125 kA/一个波峰时间要求。

（3）测量电流互感器：

① 一次电流：125 kA

② 二次电流：4～20 mA。

（4）示波器：

① 模拟通道：2 个。

② 带宽：100 MHz。

③ 采样率：1 GS/s。

④ 记录长度：20 M 点。

4.2.2.9 配网计量用电流互感器二次绕组匝间绝缘强度试验方法

配网计量用电流互感器的二次绕组匝间绝缘强度试验，需要调压器、升流器、开路电压测试仪，试验原理如图 4-23 所示，试验实物图如图 4-24 所示。

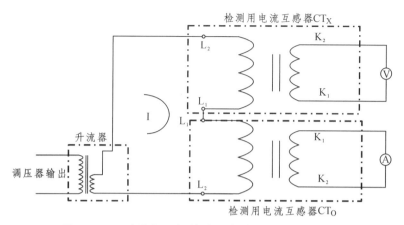

图 4-23　二次绕组匝间绝缘强度试验的试验原理图

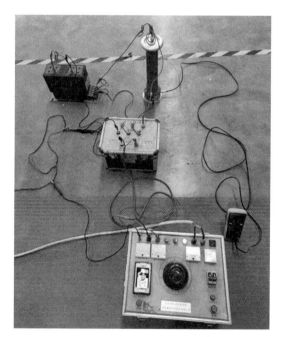

图 4-24　35 kV 及以下计量用电流互感器二次绕组匝间绝缘试验实物图

试验设备技术参数如下：

（1）调压器（1台）：

① 输入电压：380 V。

② 输出电压：0 ~ 400 V。

③ 额定容量：5 kVA。

（2）升流器（1台）：

① 额定容量：20 kVA。

② 输入电压：380 V。

③ 输出电压：10 V。

④ 输出电流：4 000 A。

（3）开路电压测试仪（1台）：

① 测量电压范围：档Ⅰ0～1 999 V（峰值）、挡Ⅱ0～6.0 kV（峰值）。

② 显示方式：3 位数字显示。

③ 精度：±3%（±5个字）。

④ 输入阻抗：>5 MΩ。

4.2.2.10　配网计量用电流互感器剩磁误差试验方法

配网计量用电流互感器的剩磁误差试验，需要调压器、升流器、可控恒流电源、标准电流互感器、电流负荷箱以及互感器校验仪，试验原理如图4-25所示。

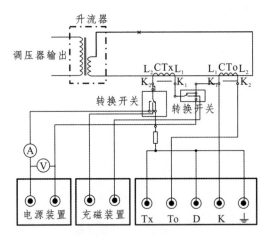

图 4-25　配网计量用电流互感器的剩磁误差试验原理图

试验设备同误差测试试验设备，再外加一个可控恒流源，技术参数如下：

（1）调压器（1台）：

① 输入电压：380 V。

② 输出电压：0～400 V。

③ 额定容量：5 kVA。

（2）升流器（1台）：

① 输入电压：0～400 V。

② 输出电压：3 000 A/4 V。

（3）标准电压互感器（1台）：

① 一次电流：5～2 000 A。

② 二次电流：5 A、1 A。

③ 额定负荷：5 VA、1 VA。

④ 准确度等级：0.02S 级。

（4）电流负荷箱：

① 额定电流：5 A、1 A。

② 额定负荷：1～60 VA。

③ 功率因数：1.0、0.8。

④ 准确度等级：3 级。

（5）互感器校验仪：

① 整机准确度：2 级。

② 基本误差：

$$同相分量：\Delta x = \pm（X \times 2\% + Y \times 2\% \pm 2 个字）$$

$$正交分量：\Delta y = \pm（X \times 2\% + Y \times 2\% \pm 2 个字）$$

式中　　Δx、Δy——分别为同相分量和正交分量的允许误差；

　　　　X、Y——分别为同相分量和正交分量读数的绝对值；

③ 工作电压、工作电流、百分表准确度：1 级。

④ 工作电压范围：5～120 V。

⑤ 工作电流范围：50 mA～6 A。

⑥ ΔV 测量范围：0.1 mV～200 V（PT 或阻抗）。

⑦ ΔI 测量范围：5 μA～3 A。

（6）可控恒流电源：

① 输出直流：0.15 A、0.75 A。

4.2.3　配网计量用组合互感器传统性能试验方法

　　配网计量用组合互感器性能试验装备基本同于 4.2.1 和 4.2.2 节中各试验项目所需试验设备。本小节将描述组合互感器试验中与配网计量用电压互感器和电流互感器试验方法和试验设备有区别的误差试验及电压、电流影响量试验所需试验设备。

4.2.3.1 配网计量用组合互感器误差试验方法

配网计量用组合互感器的误差试验需要三相平衡电压源、三相平衡电流源、器、升流器、标准电压互感器、高压标准电流互感器、三相互感器校验仪、电压互感器负荷箱、电流互感器负荷箱，试验接线如图 4-26 所示，试验实物图如图 4-27 所示。

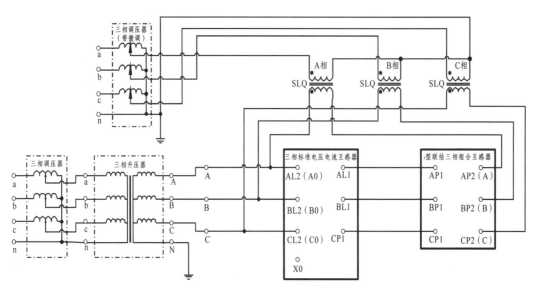

（a）组合互感器误差试验一次接线图（三相三元件）

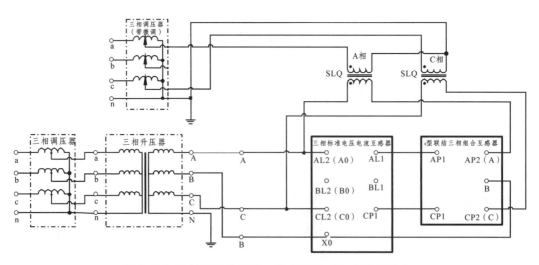

（b）组合互感器误差试验一次接线图（三相三元件）

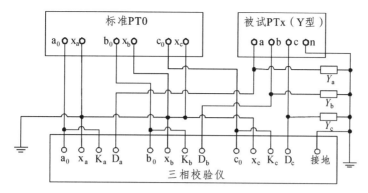

PT校验：标准PT0接K，被试PTx接D

（c）组合互感器误差试验二次接线图（三相三元件电压部分）

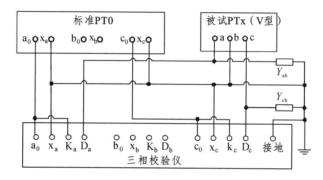

PT校验：标准PT0接K，被试PTx接D

（d）组合互感器误差试验二次接线图（三相两元件电压部分）

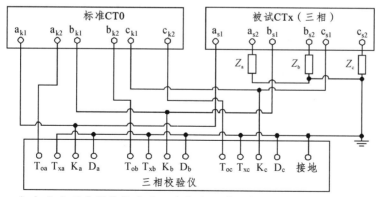

（e）组合互感器误差试验二次接线图（三相三元件电流部分）

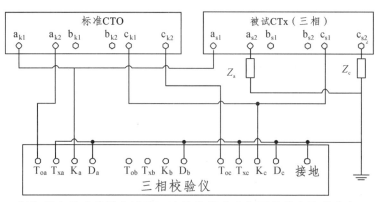

（f）组合互感器误差试验二次接线图（三相两元件电流部分）

图 4-26　试验接线图

图 4-27　三相组合互感器误差测试传统设备接线实物图

试验设备技术参数如下：

（1）三相平衡电源（2 台）：

① 输入电压：220 V。

② 输出电压：0 ~ 250 V 三相。

③ 额定容量：5 kVA + 0.2 kVA（电动微调）。

④ 工作时间：1 h。

（2）升压器（3台）：

① 输入电压：0～250 V。

② 输出电压：0～45 kV。

（3）高压升流器（3台）：

① 输入电压：0～250 V。

② 输出电压：0～800 A。

③ 额定电压：42 kV。

（4）标准电压互感器（3台）：

① 一次电压：35 kV、35/$\sqrt{3}$ kV。

② 二次电压：100/$\sqrt{3}$ V、100 V。

③ 额定负荷：0.07 VA、0.2 VA。

④ 功率因数：1.0。

⑤ 准确度等级：0.02 级。

（5）标准电压互感器（3台）：

① 一次电压：10 kV、10/$\sqrt{3}$ kV。

② 二次电压：100/$\sqrt{3}$ V、100 V。

③ 额定负荷：0.07 VA、0.2 VA。

④ 功率因数：1.0。

⑤ 准确度等级：0.02 级。

（6）标准电压互感器（3台）：

① 一次电压：6 kV、6/$\sqrt{3}$ kV。

② 二次电压：100/$\sqrt{3}$ V、100 V。

③ 额定负荷：0.07 VA、0.2 VA。

④ 功率因数：1.0。

⑤ 准确度等级：0.02 级。

（7）高压标准电流互感器（3台）：

① 一次电流（A）：10、15、20、30、40、50、75、100、150、200、300、400、500、600。

② 二次电流（A）：5、1。

③ 准确度等级：0.02S。

（8）三相互感器校验仪（1台）：

① 准确度：2 级。

② 基本误差：。

$$同相分量：\Delta x = \pm（X \times 2\% + Y \times 2\% \pm 2 个字）$$

$$正交分量：\Delta y = \pm（X \times 2\% + Y \times 2\% \pm 2 个字）$$

式中　Δx、Δy——分别为同相分量和正交分量的允许误差；

　　　X、Y——分别为同相分量和正交分量读数的绝对值。

③ 工作电压、工作电流、百分表准确度：1 级。

④ 工作电压范围：5 ~ 120 V。

⑤ 工作电流范围：50 mA ~ 6 A。

⑥ ΔV 测量范围：0.1 mV ~ 200 V（PT 或阻抗）。

⑦ ΔI 测量范围：5 μA ~ 3 A。

⑧ 相数：三相。

（9）电压互感器负荷箱（3 台）：

① 负荷：2.5/5/10 VA 可叠加。

② 功率因数：0.8。

③ 准确度：3 级。

（10）电流互感器负荷箱 1 台：

① 工作电流：5 A、1 A。

② 负荷：

工作电流 5 A 时：2.5/3.75/5/10/15 VA；

工作电流 1 A 时：1/2.5/3.75/5/10 VA。

③ 功率因数：0.8。

④ 准确度等级：3 级。

4.2.3.2　配网计量用组合互感器的电压、电流影响试验

配网计量用组合互感器的电压、电流影响试验中，电流互感器对电压互感器的影响要求在电流互感器工作在 150%额定电流下，进行电压互感器误差检验，要求误差满足误差限值要求；电压互感器对电流互感器的影响要求在电压互感器工作在 115%额定电压下，进行电流互感器误差，要求误差满足误差限值要求。试验需要三相平衡电压源、三相平衡电流源、升压器、升流器、标准电压互感器、高压标准电流互感器、三相互感器校验仪、电压互感器负荷箱、电流互感器负荷箱，试验设备和试验接线均同于图 4-26。

4.3　配网计量用互感器一体化性能试验方法

由 4.2 节可知配网计量用互感器的性能试验设备涉及的试验项目设备众多，完成每个试验项目又涵盖多台试验设备，如完成组合互感器误差试验需要 20 台试验设备，包括 2 台调压电源、3 台高压升流器、3 台升压器、3 台标准电压互感器、3 台高压标准电流互感器、3 台电流互感器负荷箱、3 台电压互感器负荷箱、1 台三相互感器校验仪，占地面积大，试验接线复杂。

配网计量用互感器的性能试验大多仍处于传统的分项独立测试、手动试验、人为经验判断的阶段，这存在流程复杂、人工操作环节多、检测效率低、可靠性不高、劳动强度大等弊端。如完成 1 台 35 kV 及以下计量用组合互感器的全性能试验项目需要拆换线 30 次以上，在各个试验区域流程 15 次以上，耗时费力。

本章主要介绍一种配网计量用互感器全性能一体化试验方法和试验装置。该试验装置包括配网计量用电压互感器综合试验装置、配网计量用电流互感器综合试验装置、配网计量用组合互感器综合试验装置的三个试验工位，以及配网计量用互感器全性能信息管理评价系统，三个工位可以开展配网计量用互感器的全性能试验，并通过管理评价系统对试验进行集中管理，实现试验的标准化、规范化和统一化，同时建立 35 kV 及以下计量用互感器大数据库，实现对互感器的科学评价。

配网计量用互感器一体化性能试验装置可开展的试验项目如表 4-9 所示。

表 4-9　配网计量用互感器一体化性能试验装置试验项目表

序号	设备	测试项目	试品类别
1	电流工位	外观及铭牌标志检验、绕组极性检查、绝缘电阻测试、一次对二次及地之间的工频耐压试验、二次绕组匝间绝缘试验、局部放电试验、变差测试、误差的重复性测试、误差测试、剩磁影响测试、过负荷能力测试	10～35 kV 电流互感器
		过负荷能力测试	10～35 kV 组合互感器
2	电压工位	外观检测、绝缘电阻、二次绕组对地的工频耐压、磁饱和裕度、一次对二次及地之间的工频耐压、局部放电试验、感应耐压、极性、误差、变差、重复性	10～35 kV 电压互感器
		局放试验、一次对二次及地之间的工频耐压	10～35 kV 组合互感器

序号	设备	测试项目	试品类别
3	组合工位	外观及铭牌标志检验、绝缘电阻测试、一次对二次及地之间的工频耐压试验、二次绕组匝间绝缘试验、剩磁影响测试、绕组极性检查、变差测试、重复性测试、磁饱和裕度测试、误差测试、电压和电流的相互影响测试	10～35 kV 组合互感器
4	35 kV 及以下计量用互感器全性能信息管理评价系统	试验操作管理、数据管理、报表输出、数据存储、性能评价	10～35 kV 电力互感器

4.3.1　配网计量用电压互感器全性能一体化试验方法

4.3.1.1　一体化试验原理

分析一次对二次及地之间的工频耐压试验与局部放电试验的试验方法和试验线路，发现施加电压的相对位置一样，其差别在于试验电压和测量参数不一样，工频耐压试验要求监测一次高压及试验时间，局部放电试验也需要监测一次高压，所以可将这两种试验组合，试验线路按局部放电试验的线路接线，试验程序为：先将试验电压升至工频耐压所需的值，并保持 60 s，然后降至局部放电试验所需的电压值，记录此电压下的局放量。试验原理如图 4-28 所示。

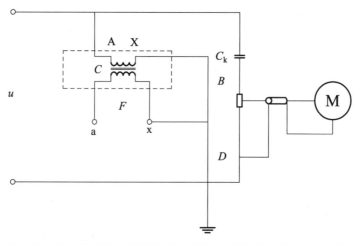

图 4-28　电压互感器工频耐压和局部放电试验的试验电路示意图

图中　　T——无局放试验变压器；

　　　　C_k——耦合电容器（带分压器）；

　　　　M——局放测量仪器；

　　　　Z_m——测量阻抗；

　　　　A、X——电压互感器一次绕组端子；

　　　　a、x——电压互感器二次绕组端子；

　　　　F——外壳。

分析电压互感器的绕组极性检查、误差的重复性测试、误差测试试验方法和所需试验线路，它们均基于误差测试线路开展，无须改变接线，可整合一起完成，其原理如图 4-29 所示。

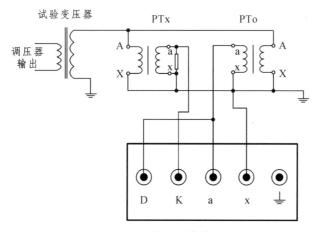

图 4-29　电压互感器误差试验原理图

分析电压互感器工频耐压、局放、极性、参比误差、重复性试验，如图 4-28 和 4-29 所示，其中工频耐压、局放、参比误差、重复性、变差试验的试验电源部分完全相同，一次接线完全相同，二次接线相近接线改动不大。因此，将上述 5 个试验一体化设计，只需简单改变二次接线，即可完成试验。试验原理图如图 4-30 所示。

配网计量用电压互感器综合试验装置为一个整体机柜，内含线性变频电源、无局放一体化标准电压互感器、误差试验单元、局放试验单元、控制主机、控制面板、绝缘电阻试验单元、工频耐压试验单元、磁饱和裕度试验单元；机柜配套触摸液晶屏，可就地控制，配网络接口，可将本地数据传输至集控中心；配扫描仪，可对待检设备进行扫描确认其信息；配工作指示灯并安装于机柜顶部，可显示工位状态。工位原理框架图如图 4-31 所示。

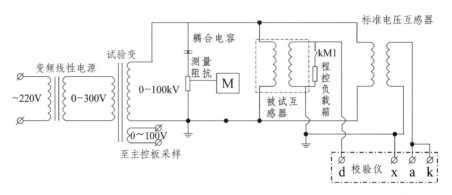

图 4-30　电压互感器耐压、局放、误差、重复性及极性一体化试验原理图

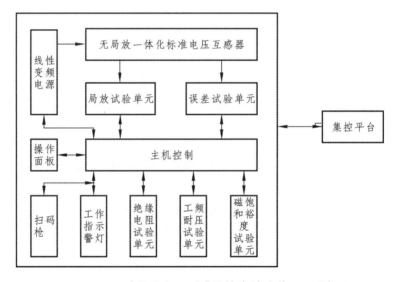

图 4-31　配网计量用电压互感器综合试验装置原理框图

4.3.1.2　电压互感器全性能一体化装置

35 kV 及以下计量用电压互感器全性能试验系统包含 9 套试验设备，该工位采用一体化设计思路，将所有试验设备有机结合于一体，置于 35 kV 及以下计量用电压互感器综合试验工位中。如图 4-32 所示，35 kV 及以下计量用电压互感器综合试验工位机柜类似于长方体型，尺寸为：长 2 060 mm×宽 1 100 mm×高 1 810 mm，高度集成，结构紧凑，操作便捷，美观大方。

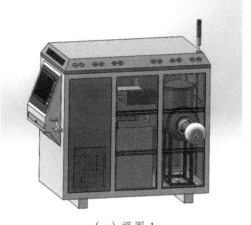 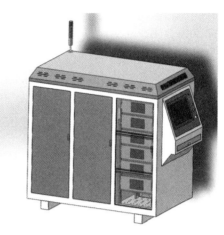

（a）视图 1　　　　　　　　　　　（b）视图 2

图 4-32　电压互感器综合装置结构模型图

机柜顶部安装有可折叠三色指示灯，便于直观了解工位的状态且不影响工位的运输高度；工位顶部还设有散热带；工位的控制面板嵌入于机柜的前侧，便于试验操作及紧急情况处理；控制面板左侧悬挂扫码枪，控制面板下方设有抽屉式机柜，内放置有鼠标和键盘；机柜底部设置有横向/纵向叉车槽，便于试验工位的移动。

35 kV 及以下计量用电压互感器综合试验工位的控制面板嵌入机柜的前侧，控制面板包括触屏显示器和操作按钮，控制面板左侧悬挂扫码枪，控制面板下方设有抽屉式机柜，内置有鼠标和键盘，操作便捷。

35 kV 及以下计量用电压互感器综合试验工位在开展试验时，操作人员站在集控平台或工位前侧，试品放置于工位右侧。如图 4-32（a）所示，工位右侧设有一个接线排，为电源及二次端子接线排。工位中无局放自升压标准电压互感器的出线套管由工位右侧伸出。35 kV 及以下计量用电压互感器综合试验工位内部试验装置严格按照电气接线图接线，在 35 kV 及以下计量用电压互感器的工位右侧即可完成全部试验接线，仅一个高压出线点，实现低压接线端子全部集中于一个接线排，大幅提升试验的安全性和便捷性。

如图 4-32（b）所示，35 kV 及以下计量用电压互感器综合试验工位机柜中，误差试验单元、局放试验单元、绝缘电阻试验单元、工频耐压试验单元、剩磁影响试验单元等设计的测试仪器均设计为积木式可拆卸结构设置于工位的左侧。

电压互感器全性能综合试验装置中将无局放升压单元和无局放标准电压互感器采用 GIS 一体化设计，出线导管从工位右侧横向伸出，其结构模型如图 4-33 所示。该装置包括固定支架、GIS 罐体、升压线包、标准线包、套管、连接导杆 1 均压环以及 SF₆ 绝缘气体。GIS 罐体通过固定支架与机柜底部固定，GIS 罐体剖面图呈"T"形，"一"部分内部安装有标准线包；"｜"内部安装有升压器线包；标准线包和升压器线包呈"7"形结构错位安装，在有限空间内增大升压器和标准互感器磁路的传输路径；标准线包包含（$10/\sqrt{3}$ kV）/（$100/\sqrt{3}$ V）、（$20/\sqrt{3}$ kV）/（$100/\sqrt{3}$ V）、（$35/\sqrt{3}$ kV）/（$100/\sqrt{3}$ V）等多个变比。升压原理图如图 4-34 所示。

图 4-33　无局放自升压单元和无局放标准电压互感器结构模型图

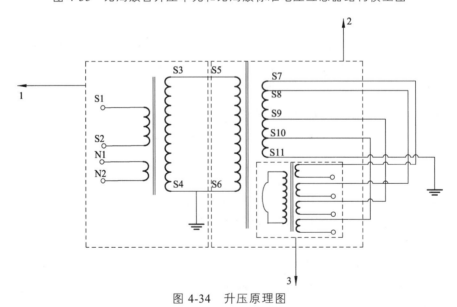

图 4-34　升压原理图

为减小无局放自升压多变比高精度标准电压互感器的重量，将外筒内充有 SF₆ 气体，采用 SF₆ 气体绝缘，实现轻量化设计。

4.3.1.3 技术参数

配网计量用电压互感器一体化试验装置实物图如图 4-35 所示。

其主要技术参数包括：

（1）电压表源一体化单元：

① 输出电压：100 kV/50 mA。

② 容量：5 kVA。

③ 局放：42 kV 5 pC。

④ 一次电压：$10/\sqrt{3}$ kV、10 kV、$20/\sqrt{3}$ kV、20 kV、$35/\sqrt{3}$ kV、35 kV。

⑤ 二次电压：$100/\sqrt{3}$、100 V。

⑥ 准确度等级：0.01 级。

⑦ 耐压水平：100 kV。

图 4-35 配网计量用电压互感器一体化试验装置实物图

（2）测量单元：

① 误差测量单元：准确度级别：2 级。

② 负荷单元：准确度级别：3 级。

③ 绝缘电阻测量单元：准确度级别：5 级。

（3）电源系统：

① 容量：5 kVA。

② 输入电压：220 V。

③ 输出电压：0 ~ 240 V。

（4）控制单元及其他：

① 标签解码模块：实现解码电子标签读取。

② 人机交互模块：与控制模块通信，实现数据展示及流程操作。

③ 控制模块：实现工频耐压、局部放电、误差试验、感应耐压等试验流程控制。

4.3.2 配网计量用电流互感器全性能一体化试验方法

4.3.2.1 一体化试验原理

分析一次对二次及地之间的工频耐压与局部放电试验的试验方法和试验线路，发现施加电压的相对位置一样，其差别在于试验电压和测量参数不一致，工频耐压试验要求监测一次高压及试验时间，局部放电试验也需要监测一次高压，故可将这两个试验组合，试验线路按局部放电试验的线路接线，试验程序为：先将试验电压升至工频耐压所需的值，并保持 60 s，然后降至局部放电试验所需的电压值，记录此电压下的局放量。试验原理如图 4-36 所示。

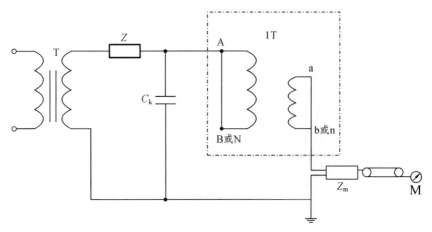

图 4-36 计量用电流互感器工频耐压和局部放电试验的试验电路示意图

图中   T——无局放试验变压器；

       IT——被试互感器；

       C_k——耦合电容器（带分压器）；

       M——局放测量仪器；

       Z_m——测量阻抗；

       Z——滤波器。

通过分析电流互感器误差试验、过负荷、重复性、变差、二次绕组匝间绝缘、剩磁误差、工频耐压、局部放电试验项目的试验方法，其中绕组极性检查、变差测试、误差的重复性测试、误差测试、过负荷能力测试均基于误差测试，无须改变接线，其原理如图 4-37 所示。

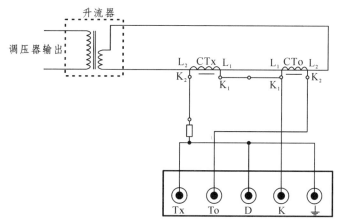

图 4-37　误差试验原理图

剩磁影响试验方法为：按照误差测试接线，在完成误差测试后将一次开路，二次线路解开，然后对被试电流互感器二次施加直流电流，持续时间 2 s。直流电流的大小为 0.15 A（二次电流为 1 A 时）、0.75 A（二次电流为 5 A 时）。

充磁完毕后进行误差测试，记录此时的误差数据并与充磁前测量的误差数据进行比对分析，计算变差，判断变化量是否满足要求。试验原理如图 4-38 所示。

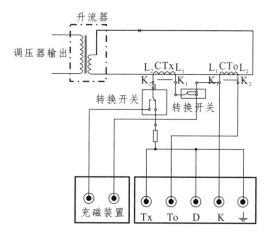

图 4-38　剩磁影响试验原理图

选用可连续调节的直流电流源，利用高压切换装置切换二次接线，对被试互感器二次进行充磁，充磁完毕后，再次切换到误差线路接线状态，进行误差测试。试验中无须人工改变接线，由程控开关切换，试验操作更快捷。

通过各个试验的试验方法和接线发现误差试验、二次绕组匝间绝缘试验试品一次接线相同；绕组极性检查、变差测试、误差的重复性测试、误差测试、过负荷能力测试、剩磁影响测试试验均基于误差测试，接线相同。同时装置所使用的电源可共用，只需简单改变一次或二次接线，即可完成试验，因此，将这些试验项目优化整合在一个单元，试品在不离开工位的情况下即可完成所有性能试验。工位同时集成组合互感器过负荷能力试验功能，可同时完成三只电流互感器的过负荷及误差试验。试验原理如图 4-39 所示。

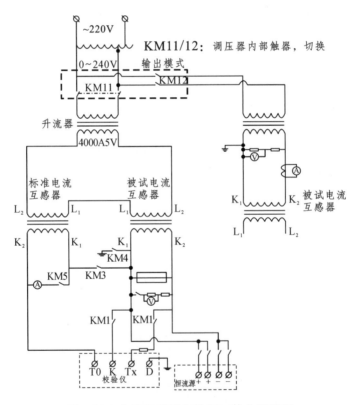

图 4-39 电流互感器全性能一体化原理图

配网计量用电流互感器综合试验装置为一个整体机柜，内含工频电源单元、无局放试验升压单元、升流单元、误差试验单元、局放试验单元、控制主机、控制面板、绝缘电阻试验单元、工频耐压试验单元和剩磁影响试验单元；机柜配套触摸液晶屏，可就地控制，配网络接口，可将本地数据传输到集控中心；配扫描仪，可对被检设备进行扫描确认其信息；配工作指示灯并安装与机柜顶部，可显示工位状态。工位原理框架图如图 4-40 所示。

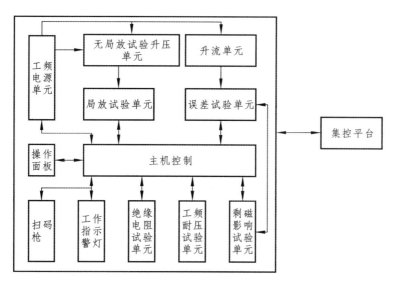

图 4-40 配网计量用电流互感器综合试验装置原理框图

4.3.2.2 电流互感器全性能一体化装置

35 kV 及以下计量用电流互感器全性能试验系统包含 11 套试验设备，采用一体化设计思路，将所有试验设备有机结合于一体，置于 35 kV 及以下计量用电流互感器综合试验工位中。如图 4-41 所示，35 kV 及以下计量用电流互感器综合试验工位机柜类似于长方体型，尺寸为：长 2 060 mm×宽 1 100 mm×高 1 810 mm，高度集成，结构紧凑，操作便捷，美观大方。

机柜顶部安装有可折叠三色指示灯，便于直观了解工位的状态且不影响工位的运输高度；工位顶部还设置有散热带；工位的控制面板嵌于机柜的前侧，便于试验操作及紧急情况的处理；控制面板左侧悬挂扫码枪，控制面板下方设有抽屉式机柜，内放置有鼠标和键盘；机柜底部设置有横向/纵向叉车槽，便于试验工位的移动。

35 kV 及以下计量用电流互感器综合试验工位在开展试验时，操作人员站在集控平台或工位前侧，试品放置于工位右侧。如图 4-41 所示，工位右侧设有两个接线排，分别为大电流接线排和电源及二次端子接线排。工位中无局放试验升压单元的出线套管由工位右侧伸出。35 kV 及以下计量用电流互感器综合试验工位内部试验装置严格电气图纸接线。在 35 kV 及以下计量用电流互感器的工位右侧即可完成全部试验接线。

如图 4-42 所示,控制面板包括触屏显示器、电源指示、零位、合闸、分闸以及急停操作按钮,用于试验人员输入试验操作指令、监控试验状况以及处理紧急情况。其中零位、合闸、分闸以及急停操作的双保险设计,大幅提升了试验的安全性。

图 4-41　电流互感器综合装置结构模型图

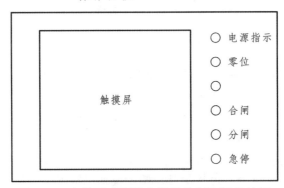

图 4-42　电流互感器综合装置控制面板设计图

如图 4-43 所示,35 kV 及以下计量用电流互感器综合试验工位机柜中。误差试验单元、局放试验单元、绝缘电阻试验单元、工频耐压试验单元、剩磁影响试验单元等设计的测试仪器均设计为积木式可拆卸结构,设置于工位的左侧。无局放升压单元可拆卸安装于机柜右后方,结构模型如图 4-43 所示。升流单元和标准电流互感器一次连接后可拆卸安装于机柜右前方。

无局放升压单元结构模型如图 4-44 所示，该装置采用充气式 GIS 罐体结构，由固定支架、GIS 罐体、升压线包、屏蔽极、屏蔽板、套管、高压连接导杆、均压环以及 SF_6 组成。其中，GIS 罐体通过固定支架与机柜底部固定，固定设备的同时保障了套管与地面的绝缘距离；线包与地面平行放置，高压连接导管及套管与升压线包高压端连接，也与地面平行安装，套管末端连接均压球；屏蔽级包裹住升压线包最外层，屏蔽板位于线包两侧。无局放升压单元在装配过程中需做除尘处理。

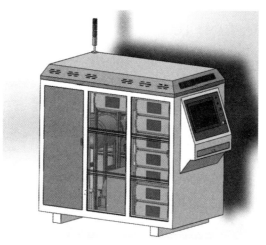

图 4-43　工位结构模型图

图 4-44　无局放升压单元结构模型图

升流单元结构模型由铁芯、一次绕组、二次绕组、绝缘膜、气道以及固定支架组成。其中，一次绕组和二次绕组均采用多股均匀复匝并绕方式绕制于环形铁芯上，一次绕组之间、二次绕组之间以及一次绕组与二次绕组之间采用菱格绝缘膜实现层间绝缘。通过在线包层间设置气道，提升了升流单元的散热能力。气道设于一次绕组间、二次绕制间，每层气道均错位方式，散热效果好，保障了电流互感器过负荷试验的升流能力。标准电流互感器与升流单元的一次线固定连接，减少了电流互感器试验的接线工作量和劳动强度。

4.3.2.3　技术参数

配网计量用电流互感器一体化试验装置实物图如图 4-45 所示。

图 4-45　配网计量用电流互感器一体化试验装置实物图

其主要技术参数包括：

（1）电流表源一体化单元：

① 输出电流：1 500 A；

② 一次电流（A）：10、15、20、30、40、50、75、100、150、200、300、400、500、600、750、1 000；

③ 二次电流：5 A、1 A；

④ 额定负荷：5 VA、1 VA；

⑤ 工作范围：1% ~ 150%；

⑥ 准确度等级：0.01S 级。

（2）无局放升压单元：

① 输出电压：0 ~ 100 kV。

② 额定容量：5 kVA。

③ 局放量：10 pC（$U_n \leq 50$ kV 时）。

（3）测量单元：

① 误差测量单元：准确度级别：2 级；

② 负荷单元：准确度级别：3 级；

③ 绝缘电阻测量单元：准确度级别：5 级；

④ 局放测量单元：灵敏度：0.1 pC；采样精度：12 bit；采样速率：10 MB/s。

（4）控制单元及其他：

① 标签解码模块：实现解码电子标签读取；

② 人机交互模块：与控制模块通信，实现数据展示及流程操作；

③ 控制模块：实现误差测试、剩磁影响测试、过负荷能力测试、工频耐压、局部放电等试验流程控制。

4.3.3 配网计量用组合互感器全性能一体化试验方法

4.3.3.1 一体化试验原理

35 kV 及以下计量用组合互感器全性能试验项目包括绝缘电阻测试、一次对二次及地之间的工频耐压试验、二次绕组匝间绝缘试验、剩磁影响测试、绕组极性检查、变差测试、重复性测试、磁饱和裕度测试、误差测试、电压和电流的相互影响测试、局放试验、一次对二次及地之间的工频耐压以及过负荷能力测试。其中过负荷能力试验在电流互感器工位进行，局放试验和一次对二次及地之间的工频耐压在电压互感器工位进行。其余试验在组合互感器工位进行。

通过分析组合互感器误差、重复性、变差、极性及电压和电流的相互影响测试项目的试验方法和试验原理，从而进行全面剖析。根据试验原理和接线方式对试验项目进行整合优化，发现这几个试验设备基本一致、接线完全相同。误差、重复性、变差、极性及电压和电流的相互影响测试与剩磁误差、工频耐压与励磁特性试验所使用的电源可共用，只需简单地改变一次或二次接线即可完成试验。

因此，组合互感器综合试验装置采用一体化设计思路，结合互感器校验台集成化设计思想，将被试组合互感器一次及二次接线接入工位后，工位控制系统自动切换变比，自动完成组合互感器中电压互感器、电流互感器误差、影响量、变差、极性、重复性等试验，并按照报告模板格式自动生成试验报告，最大程度减少手动接线及接线复杂程度，最大程度降低试验劳动强度，提高试验效率。试验原理图如图 4-46 所示。

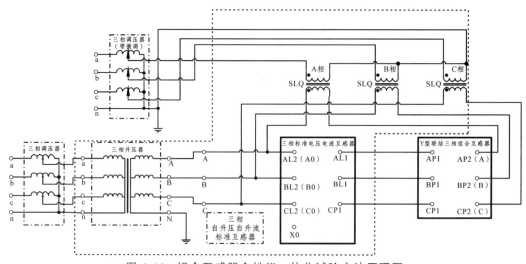

图 4-46　组合互感器全性能一体化试验方法原理图

本项目还采用集成化设计思想，将组合互感器电压互感器误差试验中三相升压器、三相电压标准，以及电流互感器误差试验中三相高压升流器、三相高压电流标准集成设计，构成多变比三相自升压、自升流一体化电压、电流互感器标准装置。如图 4-46 虚线框所示。

35 kV 及以下计量用组合互感器综合试验工位采用高端测差法开展组合互感器误差试验时接线如图 4-47 和图 4-48 所示，其一次接线如图 4-47 所示，多变比三相自升压自升流一体化标准装置与被试组合互感器一次绕组连接，二次接线如图 4-48 所示，多变比三相自升压自升流一体化标准装置以及被试组合互感器的二次绕组均与三相互感器校验仪连接。

配网计量用组合互感器综合试验装置为一个整体机柜，内含三相平衡电源、三相移相平衡电源、多变比三相自升压自升流一体化标准装置、误差试验单元、剩磁影响试验单元、三相电能表、控制主机、控制面板、绝缘电阻试验单元、工频耐压试验单元、磁饱和裕度试验单元；机柜配套触摸液晶屏，可就地控制，配网络接口，可将本地数据传输到集控中心；配扫描仪，可对被检设备进行扫描确认其信息；配工作指示灯并安装于机柜顶部，可显示工位状态。工位原理框架图如图 4-49 所示。

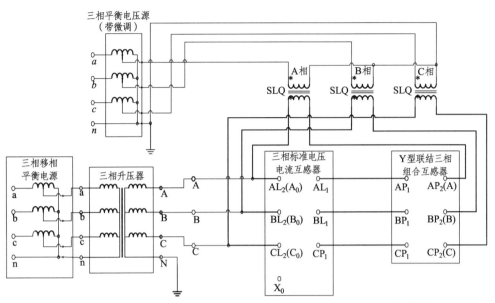

图 4-47　35 kV 及以下计量用组合互感器综合试验工位试验一次接线图

Y 型联结（二次接线）

高端测差法

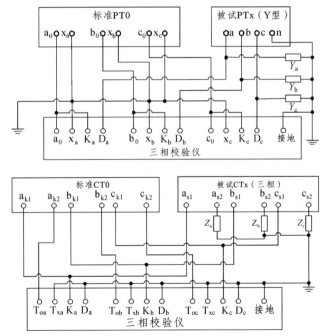

图 4-48　35 kV 及以下计量用组合互感器综合试验工位试验二次接线图

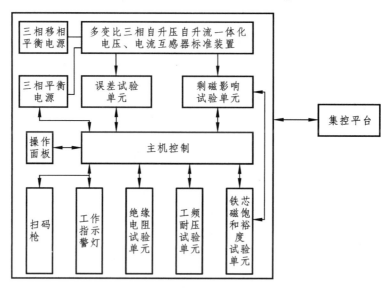

图 4-49　35 kV 及以下计量用组合互感器综合试验工位原理框图

4.3.3.2　组合互感器一体化试验装置

35 kV 及以下计量用组合互感器全性能试验系统包含 11 套试验设备,该工位采用一体化设计思路,将所有试验设备有机结合于一体,置于 35 kV 及以下计量用组合互感器综合试验工位中。如图 4-50 所示,35 kV 及以下计量用组合互感器综合试验工位机柜类似于长方体型,尺寸为:长 2 060 mm×宽 1 100 mm×高 1 810 mm,高度集成,结构紧凑,操作便捷,美观大方。

（a）视图 1　　　　　　　　　　　　（b）视图 2

图 4-50　组合互感器一体化试验装置结构模型图

机柜顶部安装有可折叠三色指示灯，便于直观了解工位的状态且不影响工位的运输高度；工位顶部还设有散热带；工位的控制面板嵌于机柜的前侧，便于试验操作及紧急情况的处理；控制面板左侧悬挂扫码枪，控制面板下方设有抽屉式机柜，内置有鼠标和键盘；机柜底部设有横向/纵向叉车槽，便于试验工位的移动。

同电压工位和电流工位的设计思路，35 kV 及以下计量用组合互感器综合试验工位的控制面板嵌入机柜的前侧，控制面板包括触屏显示器和操作按钮。控制面板左侧悬挂扫码枪，控制面板下方设有抽屉式机柜，内置有鼠标和键盘。35 kV 及以下计量用组合互感器综合试验工位在开展试验时，操作人员站在集控平台或工位前侧，试品置于工位右侧。如图 4-50 所示，工位右侧设置有两个接线排，分别为电源及二次端子接线排和大电流接线排。35 kV 及以下计量用组合互感器综合试验工位内部试验装置严格按照电气原理图接线。在 35 kV 及以下计量用组合互感器的工位右侧即可完成全部试验接线。

如图 4-50 所示，35 kV 及以下计量用组合互感器综合试验工位机柜中，误差试验单元、绝缘电阻试验单元、工频耐压试验单元、剩磁影响试验单元等试验所需的测试仪器以及三相电能表均设计为积木式可拆卸结构，设置于工位的左侧。

参照 2020 年颁布的《三相组合互感器》(JJG 1165—2019) 检定规程要求，采用三相法，模拟额定工况下开展三相组合互感器的误差试验。不同于使用单相法逐相单独开展组合互感器中电压互感器和电流互感器的误差试验方法，该方法需要在对组合互感器中电压互感器施加不同试验电压的条件下，开展电流互感器误差测量，在电流互感器施加不同试验电流的条件下，开展电压互感器的误差测量。鉴于此，团队设计了一种多变比三相自升压自升流一体化电压、高压电流标准装置，结构模型如图 4-51 所示。该装置包括壳体、高压大电流接线柱、三相升压单元、三相高压升流单元、三相高压多变比电流标准单元、三相多变比电压标准单元、低压接线排、绝缘介质、自锁万向轮以及线缆。其中，三相升压单元、三相高压升流单元、三相高压多变比电流标准单元、三相多变比电压标准单元安装于壳体内部，高压大电流接线柱安装于壳体顶部，低压接线排安装于壳体侧面。

该装置集成度高、体积小、重量轻，方便移动操作，可实现三相组合互感器误差、变差、电压电流影响量试验，还可用于三台电压互感器、三台电流互感器的同时误差校验；不仅大幅减少了试验设备和试验接线的数量，提高了试验的效率、容错率和安全性，而且减小了试验不确定度分量，提高了试验准确性。

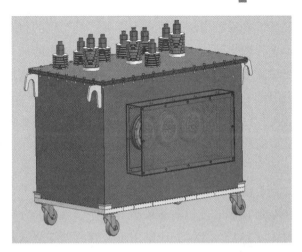

图 4-51 多变比三相自升压自升流一体化标准装置结构模型图

4.3.3.3 技术参数

配网计量用组合互感器综合试验装置实物图如图 4-52 所示。

图 4-52 配网计量用组合互感器综合试验装置实物图

其主要技术参数包括：

（1）三相移相电源：

① 额定容量：每相 1.5 kVA，三相 4.5 kVA；

② 输入：AC 220 V 三相四线，工频 50 Hz；

③ 输出：0～250 V 可调三相，与输入频率相同，$THD<3\%$；

④ 相位调节范围：0～119.9°；

⑤ 角度分辨率：0.1°；

⑥ 电压调节分辨率：0.1 V；

⑦ 通信接口：RS485（Modbus 协议）。

（2）三相自升压自升流一体化标准装置：

① 电压标准准确度级别：0.02 级；

② 电流标准准确度级别：0.02S 级；

③ 电压标准一次电压：$10/\sqrt{3}$ kV、10 kV、$20/\sqrt{3}$ kV、20 kV、$35/\sqrt{3}$ kV、35 kV；

④ 电压标准二次电压：100 V、$100/\sqrt{3}$ V；

⑤ 电流标准一次电流（A）：10、15、20、30、40、50、75、100、150、200、300、400、500、600；

⑥ 结构：一体化；

⑦ 绝缘：气体绝缘。

（3）测量单元：

① 误差测量单元：3 相，准确度级别：2 级；

② 负荷单元：3 相，准确度级别：3 级；

③ 绝缘电阻测量单元：准确度级别：5 级。

（4）三相电源单元：

① 电源输入：三相四线；

② 三相平衡电源输出电压：3×250 V；

③ 主调容量：3×5 kVA；

④ 微调容量：3×0.2 kVA。

（5）控制单元及其他：

① 标签解码模块：实现解码电子标签读取；

② 人机交互模块：与控制模块通信，实现数据展示及流程操作；

③ 控制模块：实现重复性测试、磁饱和裕度测试、误差测试、电压和电流的相互影响测试等试验流程控制。

配网计量用互感器性能一体化试验案例分析

　　配网计量用互感器的全性能一体化试验系统可以最大限度地消减试验人员的工作量，减少接线以及人工录入数据工作量，同时可以大大提高试验人员和设备的安全性，提升工作效率。互感器全性能一体化试验系统设备集成化、智能化和小型化程度高，包含了配网计量用电压互感器全性能一体化试验单元、配网计量用电流互感器全性能一体化试验单元、配网计量用组合互感器全性能一体化试验单元以及全性能试验综合管理系统，综合管理系统能够为试验人员提供一个友好的信息交互平台，实现设备、流程、人员、数据信息化管理，系统整合建立基于二维码的网络查询系统，建立试验产品检测流程，实现试验品的注册登记、工单管理、检测数据发布、报表打印、历史数据管理维护以及互感器性能评价等功能，可以广泛应用于入网互感器的全性能检测，同时通过综合管理系统对测试样品的数据进行统计分析，横纵向对比，查看各个厂家生产的互感器的各项性能数据，给互感器购置以及生产厂家的生产提供数据支撑。

　　本章主要以某电科院配网计量用互感器全性能一体化检测系统为例，选取计量用电压互感器、计量用电流互感器及计量用组合互感器各一台，采用一体化全性能试验设备对其进行性能试验。

5.1　配网计量用电压互感器性能试验

5.1.1　选取的试验对象

（1）试验对象名称及型号：电压互感器 JDZZW-10。

（2）主要参数如表 5-1 所示。

表 5-1　参数表

额定一次电压	10 000 V	额定二次电压	100 V
额定频率	50 Hz	准确度等级	0.2
额定负荷	10 VA	下限负荷	2.5 VA

5.1.2　一体化电压互感器性能试验设备

设备名称型号：35 kV 及以下计量用电压互感器一体化试验单元。

技术参数：

① 升压单元输出电压：100 kV；

② 电压标准一次电压：$10/\sqrt{3}$ ~ 35 kV；

③ 电压标准二次电压：$100/\sqrt{3}$ V、100 V；

④ 电压标准准确度等级：0.01 级；

⑤ 耐压水平：100 kV；

⑥ 绝缘电阻测量准确度级别：5 级。

5.1.3　试验基本要求

试验环境：温度：19.8 ℃，湿度：43%RH。

参照标准：《中国南方电网有限责任公司 10 kV/20 kV 计量用电压互感器技术规范》（Q/CSG 1209011—2016）。

5.1.4　试验流程

一体化电压互感器性能试验流程如图 5-1 所示。

试验步骤大致为：

第一步，设备送检：将试品信息录入二维码生成装置形成二维码，对试品进行分类与标记。

第二步，将试品流转至电压工位，先通过扫码枪扫码将试品的信息录入电压工位试验管理系统，完成试品的试验接线；然后勾选试验项目；最后选择开启试验，电压工位即自动或半自动完成各勾选的试验。一般流程为外观试验、绝缘电阻试验、二次绕组对地的工频耐压试验、工频耐压、局部放电、磁饱和裕度、绕组极性、误差、重复性、变差试验，也可根据个性化需要挑选试验项目或改变试验的顺序，试验结束后电压工位会将试验数据传输至全性能信息管理评价系统。

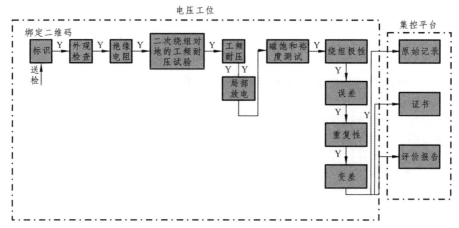

图 5-1　35 kV 及以下计量用电压互感器一体化试验总流程图

第三步，在全性能信息管理评价系统端生成试验的原始记录和报告。

本流程的制定都是使用尽量少的试验设备，尽量少换线，尽量少切换继电器，试验时间尽量短。如一次对二次及地之间的工频耐压试验和局放试验，分析这两项的试验方法、试验线路和所需试验设备，发现两者所需试验电源相同，且试验所需施加电压的相对位置一样，其差别在于试验电压和测量参数不一样，工频耐压试验要求监测一次高压及试验时间，局部放电试验也需要监测一次高压，因此，本项目提出将这两个试验组合并连续完成，试验线路按局部放电试验的线路接线。试验程序为：先将试验电压升至工频耐压所需的值，并保持 60 s；然后降至局部放电试验所需的电压值，记录此电压下的局放量。这样大幅减少了试验的设备和换线数量。

5.1.5　试验操作步骤及结果

5.1.5.1　外观检验与软件初始化

1. 试验方法

根据规程方法和要求，针对 35 kV 及以下计量用电压互感器的外观及铭牌标志检验主要用目测法进行检查，通过钢尺及卡尺、千分尺等长度测量工具对所要求的部件尺寸进行测量，将最终检测结果记录并保存。

2. 操作流程

打开软件后，按照如图 5-2 所示的流程图进行操作，输出结果如表 5-2 所示。

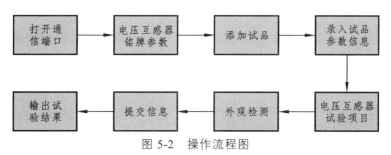

图 5-2　操作流程图

表 5-2　输出结果

项目	技术要求	检查结果
外观及铭牌标志检验	器身结构应采用热固性树脂或硅橡胶材料通过浇注和固化工艺制造，表面应光洁、平整、色泽均匀。一、二次接线端子极性标志应同时浇注或用激光蚀刻出，字体清晰	符合要求
	电压互感器应设有便于人工搬运的器身凹槽	符合要求
	接线端子（包括埋入嵌母、接线压片、接线螺钉）应使用电阻率不超过 $1 \times 10^{-7} \Omega \cdot m$ 的铜或铜合金制成，黄铜件表面宜镀镍或锌；二次接线端子的螺钉直径应为 6 mm，螺钉头为外六角加十字/一字槽通用	符合要求
	二次接线端子应具有由聚碳酸脂制成的透明防护罩。此防护罩应实现方便加封，应能防止外界环境直接或间接接触到接线螺钉，达到不破坏封印就无法拆除密封防护罩的要求	符合要求
	在器身位于二次接线端子面的上方，应用激光蚀刻出电压互感器的铭牌	符合要求

3. 试验结论

符合要求。

5.1.5.2　绕组极性检查

1. 试验方法

绕组极性检查测试基于误差测试线路开展，使用互感器校验仪检查绕组的极性。

根据互感器的接线标志，按照比较法线路完成测量接线后，升起电压至额定值的 5% 以下试测，用校验仪的极性指示功能或互查测量功能，确定互感器的极性。

2. 接线及操作流程

配网计量用电压互感器绕组极性检查接线如图 5-3 所示。

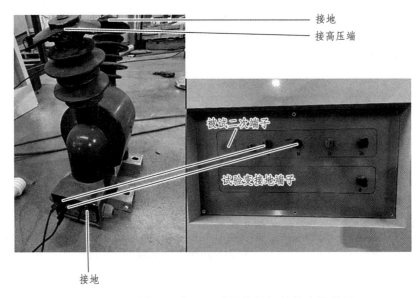

图 5-3　配网计量用电压互感器绕组极性检查接线图

如图 5-3 所示，电压互感器一次侧低端接地，高端接高压侧，二次侧的 a、n 分别接面板上的 1a、2n，电压互感器的接地端子接面板上的接地端子。操作流程如图 5-4 所示。

图 5-4　配网计量用电压互感器绕组极性检查流程图

3. 试验结果

试验结果如表 5-3 所示。

表 5-3　配网计量用电压互感器绕组极性检查结果

样品编号	极性测试结果
01523416	减极性

4. 试验结论

符合要求。

5.1.5.3　误差测试

1. 试验方法和接线

试验接线同绕组极性检查试验，操作流程如图 5-5 所示。

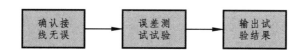

图 5-5　配网计量用电压互感器误差测试操作流程图

2. 试验结果

试验结果如表 5-4 所示。

表 5-4　配网计量用电压互感器误差测试结果

样品编号：01523416						
绕组	量限/V	额定值/（%） 误差	80	100	115	二次负荷 /VA $\cos\varphi = 0.8$
a-b	10 000/100	比值差/（%）	− 0.06	− 0.06	− 0.06	10
		相位差/（′）	+ 1	+ 1	+ 1	
		比值差/（%）	+ 0.04	+ 0.04	—	2.5
		相位差/（′）	− 2	− 2	—	

3. 试验结论

符合要求。

5.1.5.4　变差测试

1. 试验方法和接线

试验接线同绕组极性检查试验，测试操作流程如图 5-6 所示。

图 5-6　配网计量用电压互感器变差测试流程图

2. 试验结果

试验结果如表 5-5 所示。

表 5-5　配网计量用电压互感器变差测试结果

样品编号：01523416	量限/V：10 000/100		绕组：a—b	
测试点误差	80%U_n		100%U_n	
	比值差/（%）	相位差/（′）	比值差/（%）	相位差/（′）
上升值	−0.064 4	1.372	−0.061 2	1.066
下降值	−0.063 9	1.357	−0.060 6	1.057
变差	0.000 5	0.015	0.000 6	0.009

3. 试验结论

符合要求。

5.1.5.5　误差重复性测试

1. 试验方法及接线

误差的重复性测试基于误差测试线路开展，试验接线与误差测试试验接线相同。测试操作流程如图 5-7 所示。

图 5-7　配网计量用电压互感器误差重复性测试流程图

试验结果如表 5-6 所示。

表 5-6　配网计量用电压互感器误差重复性测试结果

样品编号：01523416		测试点：100%U_n				二次负荷：10 VA/0.8					
测量次数 误差	第 1 次	第 2 次	第 3 次	第 4 次	第 5 次	第 6 次	第 7 次	第 8 次	标准偏差	试验要求
比值差/（%）	−0.061 2	−0.061 9	−0.061 4	−0.060 3	−0.060 8	−0.061 5	−0.061 1	−0.061 6	0.000 5	≤0.02
相位差/（′）	1.066	1.043	1.052	1.068	1.061	1.057	1.046	1.055	0.009	≤1

2. 试验结论

符合要求。

5.1.5.6　铁芯磁饱和裕度测试

1. 试验方法及接线操作

试验所用的调压电源设计成 45~300 Hz 的变频电源，在进行铁芯磁饱和裕度测试时，输出频率为 50 Hz。

试验原理与接线如图 5-8 所示，试验接线如图 5-9 所示。

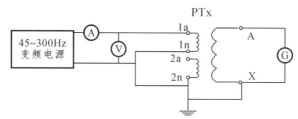

图 5-8　铁芯磁饱和裕度测试试验原理图

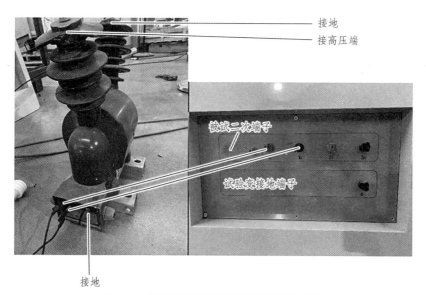

图 5-9　铁芯磁饱和裕度测试试验接线图

如图 5-9 所示，做电压互感器铁芯磁饱和裕度试验时，电压互感器的一次侧低端接地，高端侧悬空，二次侧 a、n 分别接面板上的 1a、1n，电压互感器地接面板上的地线端子。试验操作流程图如图 5-10 所示。

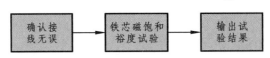

图 5-10　铁芯磁饱和裕度测试试验流程图

2. 试验结果

试验结果如表 5-7 所示。

表 5-7　配网计量用电压互感器铁芯磁饱和裕度测试结果

样品编号	试品变比/V	二次绕组施加额定工频电压时的励磁电压有效值 I_{C1}/mA	二次绕组施加 2 倍额定工频电压时的励磁电流有效值 I_{C2}/mA	励磁电流比值	结论
01523416	10 000/100	648.6	1 197.5	1.85	符合要求

3. 试验结论

符合要求。

5.1.5.7　绝缘电阻测试

1. 试验方法

试验原理如图 5-11 所示。

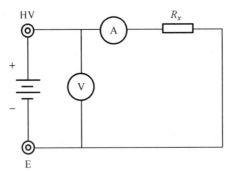

图 5-11　计量用电压互感器绝缘电阻测试原理图

绝缘电阻测量时对被试 R_x 施加直流电压（2 500 V），通过检测被试产生的直流电流 A，由欧姆定理计算出电阻 R_x。本方案采用低功耗高压直流变换技术，产生纹波小、稳定度高的直流电源；采用高精度采集系统采集微电流信号，准确测量小电流信号；采用高速 A/D 转换同时采集电压、电流信号，准确计算出绝缘电阻值。

2. 接线及操作流程

测试接线如图 5-12 所示。

图 5-12　计量用电压互感器绝缘电阻测试接线图

如图 5-12 所示，做电压互感器绝缘电阻试验时，将电压互感器一次侧短接后接到面板"绝缘电阻"端子，二次侧及地短接后接到对应的地线接线柱，二次绕组对地即二次侧短接后接"绝缘电阻"端子，外壳接地线端子。二次绕组之间则是当被试品有多个绕组时，将测试的两个绕组分别短接后一个接"绝缘电阻"端子，另一个接地线端子。操作流程图如图 5-13 所示。

图 5-13　计量用电压互感器绝缘电阻测试流程图

试验结果如表 5-8 所示。

表 5-8　配网计量用电压互感器铁芯绝缘电阻测试结果

样品编号	试品电压比/V	试验项目	绝缘电阻	结论
01523416	10 000/100	一次绕组对二次绕组	>1 000 MΩ	符合要求
		二次绕组对地	>1 000 MΩ	符合要求
		一次绕组对地	>1 000 MΩ	符合要求

3. 试验结论

符合要求。

5.1.5.8 二次绕组对地的工频耐压试验

1. 试验方法和接线操作

试验原理如图 5-14 所示，试验接线如图 5-15 所示。试验过程未使用工频电压源在各绕组间及各绕组与地之间施加 3 kV，持续 60 s。

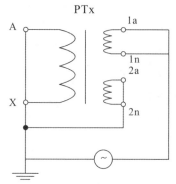

图 5-14 计量用电压互感器工频耐压试验原理图

图 5-15 计量用电压互感器工频耐压试验接线图

如图 5-15 所示，做电压互感器工频耐压试验时，二次绕组对地即二次侧短接后接"工频耐压"端子，外壳接地线端子。试验操作流程图如图 5-16 所示。

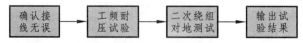

图 5-16 计量用电压互感器工频耐压试验流程图

2. 试验结果

试验结果如表 5-9 所示。

表 5-9　配网计量用电压互感器工频耐压试验测试结果

样品编号	试品电压比/V	试验电压/kV	试验时间/s	结论
01523416	10 000/100	3	60	符合要求

3. 试验结论

符合要求。

5.1.5.9　一次对二次及地之间的工频耐压试验

1. 试验方法

试验电源频率在 45～55 Hz 之间，电压波形畸变率不大于 5%，试验变压器高压输出端额定输出电流不小于 0.5 A。

试验电压从接近于零的某个值逐渐升高至表 4-4 规定值，并在规定值持续 1 min。测量试验变压器高压输出端的试验电压，误差不应超过 ±3%。

试验过程中无击穿或闪络等放电现象产生。

2. 接线及软件操作

试验接线同 35 kV 及以下计量用电压互感器二次绕组对地的工频耐压试验，电压互感器一次侧短接后接面板上"工频耐压"端子，二次侧及地短接后接面板上的地线端子。试验操作流程图如图 5-17 所示。

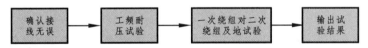

图 5-17　计量用电压互感器一次对二次及地之间工频耐压试验流程图

试验结果如表 5-10 所示。

表 5-10　配网计量用电压互感器一次对二次及地之间工频耐压试验结果

样品编号	试品电压比/V	试验电压/kV	试验时间/s	结论
01523416	10 000/100	30.6	60	符合要求

3. 试验结论

符合要求。

5.1.5.10　局部放电试验

1. 接线及操作流程

操作流程如图 5-18 所示。

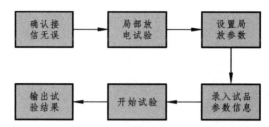

图 5-18　计量用电压互感器局部放电试验流程图

试验结果如表 5-11 所示。

表 5-11　配网计量用电压互感器局部放电试验结果

样品编号	试品电压比/V	测量部位	测量电压/kV	放电量/pC			结论
				背景	标准值	测量值	
01523416	10 000/100	一次对二次及地	14.4	3	50	15	符合要求
01523416	10 000/100	一次对二次及地	8.3	3	20	7	符合要求

2. 试验结论

符合要求。

5.2　配网计量用电流互感器性能试验案例

5.2.1　试验对象选取

（1）试验对象名称及型号：电流互感器 LZZBJ9-10C1G3。

（2）试品主要参数如表 5-12 所示。

表 5-12　试品主要参数

主要参数	额定电压	10 kV	额定电流比	25/1
	额定频率	50 Hz	准确度等级	0.2S
	额定负荷	5 VA	下限负荷	1 VA

5.2.2　试验用一体化电流互感器性能试验设备

设备名称型号：35 kV 及以下计量用电流互感器一体化试验单元。

技术参数：

（1）直流电源输出电压：DC 30 V；

（2）直流电源输出电流：DC 0.15 A、DC 0.75 A；

（3）电流标准一次电流（A）：10、15、20、30、40、50、75、100、150、200、300、400、500、600、750、1 000；

（4）电流标准二次电流：5 A、1 A；

（5）电流标准准确度等级：0.01S 级；

（6）开路电压测量准确度级别：3 级；

（7）直流电阻测量准确度级别：0.2 级。

5.2.3　试验基本要求

试验环境：温度：19.8 ℃，湿度：43%RH。

参照的标准：《中国南方电网有限责任公司 10 kV/20 kV 计量用电流互感器技术规范》（Q/CSG 1209011—2016）。

5.2.4　试验流程

一体化电流互感器性能试验总流程图如图 5-19 所示。

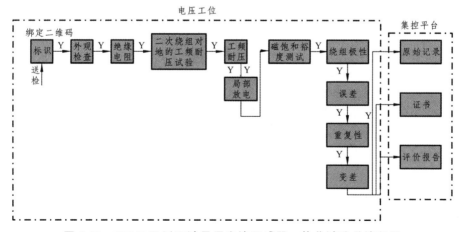

图 5-19　35 kV 及以下计量用电流互感器一体化试验总流程图

试验步骤如下：

第一步，设备送检：将试品信息录入二维码生成装置形成二维码，对试品进行分类与标记。

第二步，将试品流转至电流试验工位，先通过扫码枪扫码将试品的信息录入电流工位试验管理系统，完成试品的试验接线；然后勾选试验项目；最后选择开启试验，电流工位即自动或半自动完成各勾选的试验。一般流程为外观试验、绝缘电阻试验、二次绕组匝间绝缘、工频耐压、局部放电、绕组极性、误差重复性、变差、剩磁特性试验，也可根据个性化需要挑选试验项目或改变试验顺序。试验结束后电流工位会将试验数据传输至全性能信息管理评价系统。

第三步，在全性能信息管理评价系统端生成试验的原始记录和报告。

本流程的制定原则为尽量少使用试验设备，尽量少换线，尽量少切换继电器，试验时间尽量短。绕组极性、误差、重复性、变差以及剩磁影响测试顺序的确定原因为：前四项试验所需的试验设备及试验接线完全相同，连续完成这四项试验无须换线或投切继电器。其中极性试验如果不合格，则该互感器的误差试验一定错误，故优先做极性试验，极性试验通过后再进行误差试验；又因为重复性试验为在额定电流时重复测试 6 次以上的误差结果的标准偏差，故做完误差试验后再进行重复性试验，取误差试验结果为第一组重复性试验数据；变差试验为记录在电流上升和下降时的误差，两者在同一试验点的误差之差应符合相应要求。可在进行最后一次重复性试验时，记录完整的（1%）5%～120%额定电流上升及下降的试验数据，作为变差计算数据，即又省去了一次系统的升降流试验流程。剩磁影响测试的方法为电流互感器充磁处理前后的误差之差，不得超过被试品允许误差限值的 1/3，且充磁处理前后的误差均应满足误差限值的要求。取最后一次重复性试验数据为充磁前误差数据，充磁后，再测量一次被试品误差，按要求比对充磁前后误差数据及差值，即完成剩磁影响测试。

5.2.5　试验操作步骤及结果

5.2.5.1　外观检验与软件初始化

1. 试验方法

根据以上方法和要求，针对 10 kV/20 kV 计量用电流互感器的外观及铭牌标志，主要用目测法进行检查，用钢尺及卡尺、千分尺等长度测量工具对所要求的部件尺寸进行测量，将最终的检测结果记录并保存。

2. 操作流程

试验流程如图 5-20 所示。

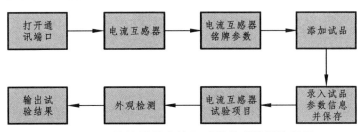

图 5-20 配网计量用电流互感器外观检测流程图

检测结果如表 5-13 所示。

表 5-13 配网计量用电流互感器外观检测结果

项目	技术要求	检查结果
外观及铭牌标志检验	器身结构应采用热固性树脂材料并通过浇注和固化工艺进行制造，表面应光洁、平整、色泽均匀。一、二次接线端子极性标志应同时浇注或用激光蚀刻出，字体清晰	符合要求
	电流互感器应设有便于人工搬运的器身凹槽	符合要求
	具有一次绕组的电流互感器，一次绕组应采用平板型出线端子并附有供连接用的全套紧固零件。所提供的紧固件应进行防腐蚀处理	符合要求
	接线端子（包括埋入嵌母、接线压片、接线螺钉）应使用电阻率不超过 $1 \times 10^{-7} \Omega \cdot m$ 的铜或铜合金制成，黄铜件表面宜镀镍或锌。螺钉直径应为 6 mm，螺钉头为外六角加十字/一字通用槽	符合要求
	二次接线端子应具有由聚碳酸酯制成的透明防护罩。此防护罩应实现方便加封，应能防止直接或间接接触到接线螺钉，达到不破坏封印就无法拆除密封防护罩的要求	符合要求
	在器身位于二次接线端子面的上方，应用激光蚀刻出电流互感器的铭牌	符合要求

3. 试验结论

该功能可通过要求进行判断后，将判断结果录入软件，在该单元出具的试品试验报告中展现，该功能符合要求。

5.2.5.2 绕组极性检查

1. 试验方法

绕组极性的检查是基于误差测试线路的，其原理如图 5-21 所示，其接线如图 5-22 所示。

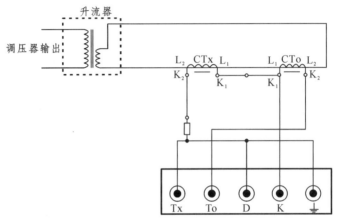

图 5-21　配网计量用电流互感器绕组极性检查原理图

2. 接线及操作流程

如图 5-22 所示，电流互感器一次侧的 P1、P2 分别接面板上的 P1、P2 铜排，二次 S1、S2 分别接面板上的 S1、S2。

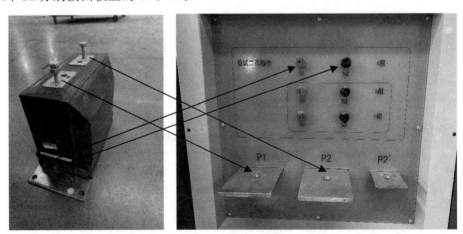

图 5-22　配网计量用电流互感器绕组极性检查接线图

操作流程如图 5-23 所示。

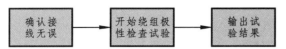

图 5-23　配网计量用电流互感器绕组极性检查流程图

检查结果如表 5-14 所示。

表 5-14　配网计量用电流互感器绕组极性检查结果

样品编号	极性测试结果
110600054	减极性

3. 试验结论

该试验按照误差试验线路要求接线，通电后通过校验仪进行判断。该试验单元出具的试验报告中会包含此项试验结果，该功能符合要求。

5.2.5.3　误差测试

1. 试验方法及接线

同 5.2.5.2 绕组极性检查原理图及接线。

2. 操作流程

测试流程图如图 5-24 所示。

图 5-24　配网计量用电流互感器误差测试流程图

3. 试验结果

测试结果如表 5-15 所示。

表 5-15　配网计量用电流互感器误差测试结果

绕组	量限/A	额定值/%　误差	1	5	20	100	120	二次负荷/VA cosφ = 0.8
1S1-1S2	25/1	比值差/（%）	− 0.038 2	− 0.036 1	− 0.027 0	0.002 0	0.006 6	5
		相位差/（′）	5.273	4.815	3.295	0.832	0.685	
		比值差/（%）	0.042 0	0.045 6	0.047 0	0.045 4	—	1
		相位差/（′）	1.877	1.647	1.450	0.954	—	

4. 试验结论

该试验依据测差法原理，按照规程要求进行电流互感器的误差测量，其测量数据结果符合准确度等级限值要求。该试验单元出具的试验报告中会包含此项试验结果，该功能符合要求。

5.2.5.4 变差测试

1. 试验方法及接线

同 5.2.5.2 中方法及接线。

2. 操作流程

操作流程如图 5-25 所示。

图 5-25 配网计量用电流互感器变差测试流程图

3. 试验结果

试验结果如表 5-16 所示。

表 5-16 配网计量用电流互感器变差测试结果

样品编号：110600054		量限/A：25/1		绕组：1S1-1S2		负荷：5 VA/0.8	
测试点 误差	5% I_n		20% I_n		100% I_n	
	比值差/(%)	相位差/(′)	比值差/(%)	相位差/(′)	比值差/(%)	相位差/(′)
上升值	−0.036 1	4.815	−0.027 0	3.295	0.002 0	0.832
下降值	−0.035 1	4.725	−0.027 7	3.286	0.002 0	0.811
变差	0.001 0	0.090	0.000 7	0.009	0.000 0	0.021

4. 试验结论

该试验按照误差试验线路接线，依据规程要求进行相应的百分值升降压取点，计算变差。该试验单元出具的试验报告中会包含此项试验结果，该功能符合要求。

5.2.5.5 误差重复性测试

1. 试验方法及接线

同误差测试试验的试验方法及接线。

2. 操作流程

测试流程图如图 5-26 所示。

图 5-26　配网计量用电流互感器误差重复性测试流程图

3. 试验结果

测试结果如表 5-17 所示。

表 5-17　配网计量用电流互感器误差重复性测试结果

样品编号：110600054		测试点：20%I_n		量限/A：25/1		绕组：1S1-1S2		负荷：5 VA/0.8		
测量次数 误差	第 1 次	第 2 次	第 3 次	第 4 次	第 5 次	第 6 次	第 7 次	第 8 次	标准偏差	标准值
比值差/（%）	−0.027 0	−0.027 7	−0.026 2	−0.027 1	−0.026 5	−0.027 5	−0.027 8	−0.028 3	0.000 7	≤0.02
相位差/（′）	3.295	3.286	3.273	3.296	3.281	3.266	3.277	3.269	0.011 3	≤1

4. 试验结论

该项试验按照误差试验的试验线路接线，依据规程要求的百分点重复进行升压取点，计算偏差。该试验单元出具的试验报告中会包含此项试验结果，该功能符合要求。

5.2.5.6　剩磁影响测试

1. 试验方法及接线

在误差性能测试完毕后，将一次开路、二次线路解开后，对被试电流互感器二次绕组施加直流电流，持续时间为 2 s。直流电流的大小为 0.15 A（额定二次电流为 1 A时）、0.75 A（额定二次电流为 5 A 时）。

充磁完毕后，进行误差测试，记录此时的误差数据，并与退磁后测量的误差数据进行比对分析，计算变差，判断变化量是否满足要求。

试验接线同误差测试试验接线。

2. 操作流程

测试流程如图 5-27 所示。

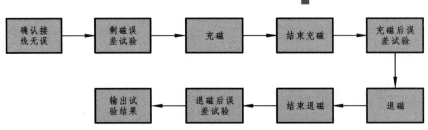

图 5-27　配网计量用电流互感器剩磁影响测试流程图

3. 试验结果

测试结果如表 5-18 所示。

表 5-18　配网计量用电流互感器剩磁影响测试结果

出厂编号：				绕组：1S1-1S2		电流比：50/5		二次负荷/VA $\cos\varphi = 0.8$
试验项目	误差	1%	5%	20%	100%	120%	
充磁后	比值差/（%）	− 0.081 3	− 0.069 2	− 0.053 2	− 0.020 7	− 0.013 2	
	相位差/（′）	6.986	6.148	4.273	1.361	1.159	
退磁后	比值差/（%）	− 0.040 1	− 0.037 7	− 0.028 7	0.000 2	0.005 4	5
	相位差/（′）	5.351	4.854	3.311	0.847	0.694	
误差变化量	比值差/（%）	0.041 2	0.031 5	0.024 5	0.020 9	0.018 6	
	相位差/（′）	1.635	1.294	0.962	0.514	0.465	
试验要求	比值差/（%）	≤0.2	≤0.09	≤0.05	≤0.05	≤0.05	
	相位差/（′）	≤8.0	≤4.0	≤2.7	≤2.7	≤2.7	

4. 试验结论

此项试验按照规程要求进行充磁与退磁后，测量两种状态下的误差，对比试验数据，得出结论。该试验单元出具的试验报告中会包含此项试验结果，该功能符合要求。

5.2.5.7　过负荷能力测试

1. 试验方法和试验接线

试验接线同误差测试试验，在 150% 额定一次电流下进行误差测试。

2. 操作流程

测试流程如图 5-28 所示。

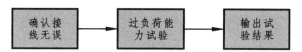

图 5-28 配网计量用电流互感器过负荷能力测试流程图

3. 试验结果

测试结果如表 5-19 所示。

表 5-19 配网计量用电流互感器过负荷能力测试结果

样品编号：			试验时间：60 s	
绕组	量限/A	额定值/（%） 误差	150	二次负荷/VA cosφ=0.8
1S1-1S2	25/1	比值差/（%）	0.00	5
		相位差/（′）	+1	

4. 试验结论

该试验主要通过误差试验线路，按照规程对试品进行 1.5 倍的额定电流运行测试，得出试验结论，该功能符合要求。

5.2.5.8 绝缘电阻测试

1. 试验方法和试验接线

配网计量用电流互感器绝缘电阻测试接线如图 5-29 所示。

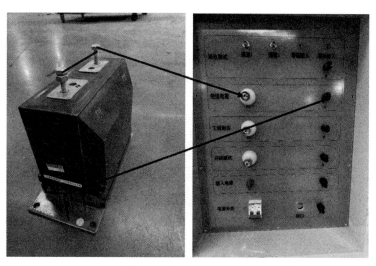

图 5-29 配网计量用电流互感器绝缘电阻测试接线图

如图 5-29 所示，做一次绕组对二次绕组及地试验时，将电流互感器一次侧短接接到面板"绝缘电阻"端子，二次侧及地短接后接到对应的地线接线柱；二次绕组对地即二次侧短接后接"绝缘电阻"端子，外壳接地线端子；二次绕组之间则是当被试品有多个绕组时，将测试的两个绕组分别短接后，一个接"绝缘电阻"端子，另一个接地线端子。

2. 操作流程

测试流程图如图 5-30 所示。

图 5-30　配网计量用电流互感器绝缘电阻测试流程图

3. 试验结果

测试结果如表 5-20 所示。

表 5-20　配网计量用电流互感器绝缘电阻测试结果

样品编号	试品变比/A	一次绕组对二次绕组的绝缘电阻	二次绕组对地的绝缘电阻	结论
110600054	25/1	>1 500 MΩ	>500 MΩ	符合要求

4. 试验结论

该试验主要通过绝缘电阻测试仪，按照规程测量一次绕组对二次绕组以及二次绕组之间和二次绕组对地的绝缘电阻是否符合要求。该试验单元出具的试验报告中会包含此项试验结果，该功能符合要求。

5.2.5.9　一次对二次及地之间的工频耐压试验

1. 试验方法

试验电源频率在 45 ～ 55 Hz 之间，电压波形畸变率不大于 5%，试验变压器高压输出端额定输出电流不小于 0.5 A；试验电压从接近于零的某个值逐渐升高至规程中规定值，并在规定值处持续 1 min；测量试验变压器高压输出端的试验电压，误差不应超过 ±3%；试验过程中无击穿或闪络等放电现象产生。

试验原理如图 5-31 所示。

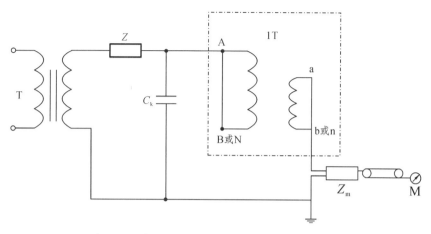

图 5-31 配网计量用电流互感器一次对二次及地之间工频耐压试验原理图

2. 接线及操作流程

试验接线如图 5-32 所示。

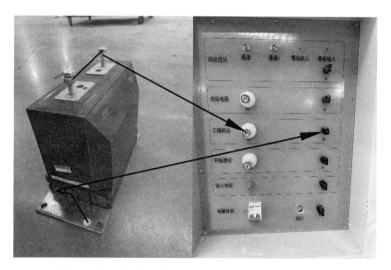

图 5-32 配网计量用电流互感器一次对二次及地之间工频耐压试验接线图

如图 5-32 所示，做一次绕组对二次绕组及地工频耐压试验时，将电流互感器一次侧短接接到面板"工频耐压"端子，二次侧及地短接后接到对应的地线接线柱，二次绕组对地即二次侧短接后接"工频耐压"端子，外壳接地线端子。

操作流程如图 5-33 所示。

图 5-33　配网计量用电流互感器一次对二次及地之间工频耐压试验流程图

试验结果如表 5-21 所示。

表 5-21　配网计量用电流互感器一次对二次及地之间工频耐压试验结果

样品编号	试品变比/A	试验电压/kV	试验时间/s	结论
110600054	25/1	30.6	60	符合要求

3. 试验结论

该试验按照工频耐压试验接线，依据规程对一次对二次及地之间施加电压，可得出结论。该试验单元出具的试验报告中会包含此项试验结果，该功能符合要求。

5.2.5.10　二次绕组匝间绝缘试验

1. 试验方法

用调压器与升流器对被试电流互感器一次加流，通过串联的检测电流互感器测量注入的电流值，通过高阻抗峰值电压表监测被试的二次峰值电压；试验前设定最大输出电流 A，当 A 达到最大允许值或 V 等于 4.5 kV 时（以先到为准）开始自动计时，时间到达设定值后自动将电流降下来并关断电源。

试验原理如图 5-34 所示。

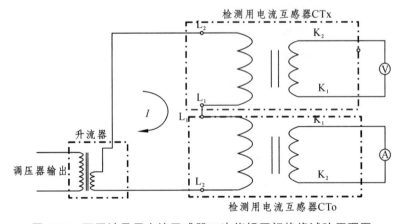

图 5-34　配网计量用电流互感器二次绕组匝间绝缘试验原理图

2. 试验接线及操作流程

如图 5-34 所示，做电流互感器二次绕组匝间绝缘试验时，互感器一次接面板上的铜排，根据互感器规格选择 P2 铜排，二次侧的 S1 接面板上的"开路测试"端子，S2 接地线端子。

操作流程如图 5-35 所示。

图 5-35　配网计量用电流互感器二次绕组匝间绝缘试验流程图

试验结果如表 5-22 所示。

表 5-22　配网计量用电流互感器二次绕组匝间绝缘试验结果

样品编号	试品变比 /A	试验频率 /Hz	一次绕组施加额定电流时的二次绕组开路电压值/V	试验时间 /s	结论
110600054	25/1	50	87	60	符合要求

3. 试验结论

该试验主要通过开路测试仪，按照规程对一次测加电流，二次侧开路，得出试验结论。该试验单元出具的试验报告中会包含此项试验结果，该功能符合要求。

5.2.5.11　局部放电试验

1. 试验方法

将电压上升到预加电压值，至少保持 60 s，降压使电压达到局部放电测量电压 $1.2 U_m$，然后在 30 s 内测量相应的局部放电水平，不应超过 50 pC。降压使电压达到局部放电测量电压 $1.2 U_m/\sqrt{3}$，然后在 30 s 内测量相应的局部放电水平，不应超过 20 pC。其操作界面如图 5-36 所示。

2. 操作流程

局部放电试验操作流程如图 5-37 所示。

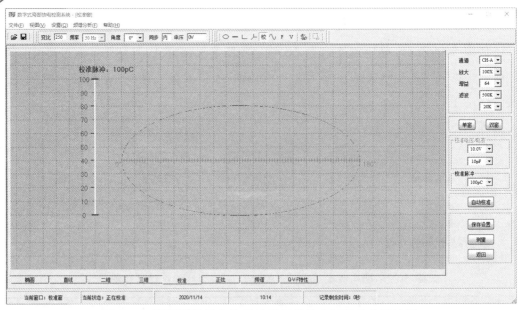

图 5-36　配网计量用电流互感器局部放电试验操作界面图

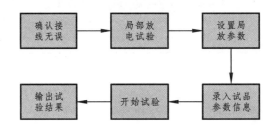

图 5-37　配网计量用电流互感器局部放电试验流程图

试验结果如表 5-23 所示。

表 5-23　配网计量用电流互感器二次绕组匝间绝缘试验结果

样品编号	试品变比 /A	测量部位	测量电压 /kV	放电量/pC			结论
				背景	标准值	测量值	
110600054	25/1	一次对二次及地	14.4	3	50	17	符合要求
110600054	25/1	一次对二次及地	8.3	3	20	9	符合要求

3. 试验结论

该试验将被试一次接高压，二次短接后串联检测阻抗后接地，按照规程进行升降压后，测量局部放电水平。该试验单元出具的试验报告中会包含此项试验结果，该功能符合要求。

5.3 配网用组合互感器性能试验案例

5.3.1 选取的试验对象

（1）试验对象名称及型号：三相组合互感器（计量箱）JLSJWS-10。

（2）主要参数如表 5-24 所示。

表 5-24 主要参数表

主要参数	电压部分		电流部分	
	额定电压	10 000 V	额定电流	300 A
	额定频率	50 Hz	额定频率	50 Hz
	准确度等级	0.2 级	准确度等级	0.2S 级
	额定负荷	15 VA	额定负荷	15 VA

5.3.2 一体化组合互感器性能试验设备

设备名称型号：35 kV 及以下计量用组合互感器误差及影响量测试单元。

技术参数如下：

（1）电源输入：三相四线；

（2）三相平衡电源输出电压：3 × 250 V；

（3）主调容量：3 × 5 kVA；

（4）微调容量：3 × 0.2 kVA；

（5）工作频率：50 Hz；

（6）电压标准准确度等级：0.02 级；

（7）电流标准准确度等级：0.02S 级；

（8）组合互感器电压标准一次电压：$10/\sqrt{3} \sim 35$ kV；

（9）组合互感器电压标准二次电压：100 V、$100/\sqrt{3}$ V；

（10）组合互感器电流标准一次电流（A）：10、15、20、30、40、50、75、100、150、200、300、400、500、600；

（11）互感器试验集中控制单元：具备满足 35 kV 及以下计量用互感器全性能试验、模拟工况下计量用互感器计量性能评估的所有技术指标。

5.3.3　试验基本要求

试验环境：温度：19.8 ℃，湿度：43%RH。

参照的标准：《中国南方电网有限责任公司计量用组合互感器技术规范》（Q/CSG 1209009—2016）。

5.3.4　试验流程

一体化组合互感器性能试验总流程如图 5-38 所示。

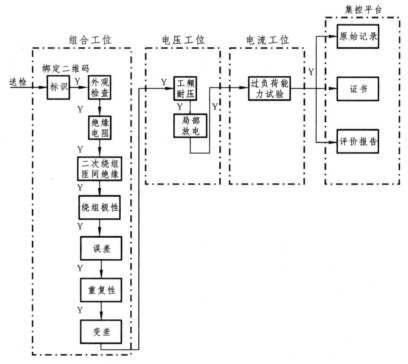

图 5-38　35 kV 及以下计量用电压互感器一体化试验总流程图

第一步，设备送检：将试品信息录入二维码生成装置形成二维码，对试品进行分类与标记。

第二步，将试品流转至组合互感器试验工位，先通过扫码枪扫码，将试品的信息录入组合工位试验管理系统，完成试品的试验接线；然后勾选试验项目，选择开启试验，组合工位即自动或半自动完成各勾选的试验，一般流程为外观试验、绝缘电阻试验、二次绕组匝间绝缘、绕组极性、误差、重复性和变差试验。试验完成再流转至电压工位，先扫码将试品的信息录入电压工位试验管理系统，完成试品的试验接线；然后勾选工频耐压试验和局放试验，选择开启试验，电压工位即自动完成该两项试验。试验完成后流转至电流工位，扫码将试品的信息录入电流工位试验管理系统，完成试品的试验接线。勾选过负荷试验，选择开启试验，电流工位即自动完成项试验。

第三步，在全性能信息管理评价系统端，依据组合工位、电压工位和电流工位传输至系统的试验数据，系统自动生成被试互感器的原始记录和试验报告。

5.3.5　试验操作步骤及结果

5.3.5.1　外观检验与软件初始化

1．试验方法

根据《中国南方电网有限责任公司计量用组合互感器技术规范》（Q/CSG 1209009—2016）的方法和要求，对 35 kV 及以下计量用组合互感器的外观及铭牌标志检验主要采用目测法进行检查，用钢尺及卡尺、千分尺等长度测量工具对所要求的部件尺寸进行测量，将最终的检测结果记录保存并输出。

检测结果如表 5-25 所示。

表 5-25　配网计量用组合互感器外观检测结果

项 目	技 术 要 求	检查结果
外观及铭牌标志检验	组合互感器应采用全密封油浸式或硅橡胶固体的形式	符合要求
	二次接线端子应有防护罩，此防护罩应方便加封，应能防止直接或间接接触到接线螺钉，达到不破坏封印就无法拆除密封防护罩的要求	符合要求
	铭牌材质为铝或不锈钢，应采用激光蚀刻，内容清晰，可防紫外线辐射，在使用寿命期内不褪色、易读取。硅橡胶外壳组合互感器的铭牌应采用铆接或焊接方式垂直固定在互感器底板上，不锈钢外壳组合互感器铭牌采用铆接或焊接方式固定在互感器身上，铭牌应能防撬、可防伪	符合要求
	组合互感器应设有用于吊装的部件，同时具备便于人工搬运的把手	符合要求

2. 试验结论

符合要求。

5.3.5.2 绕组极性检查

1. 试验方法及接线

试验方法和接线同计量用电压互感器绕组极性检查方法和接线方式。
操作流程如图 5-39 所示。

图 5-39 配网计量用组合互感器绕组极性检查流程图

2. 试验结果

检查结果如表 5-26 所示。

表 5-26 配网计量用组合互感器绕组检查结果

样品编号	极性测试结果
510208	减极性

3. 试验结论

符合要求。

5.3.5.3 误差测试

1. 试验方法及接线

组合互感器电流互感器误差试验的试验方法和接线与计量用电流互感器的误差测试方法和接线方式相同。组合互感器电压互感器误差试验的试验方法和接线方式与配网计量用电压互感器的误差测试方法和接线方式相同。

2. 操作流程

测试流程如图 5-40 所示。

图 5-40 配网计量用组合互感器误差测试流程图

3. 试验结果

被试样品的误差测试数据如表 5-27 所示。

表 5-27　配网计量用组合互感器误差测试数据

		样品编号：510208							
绕组	量限/A	误差　　额定值/（%）	1	5	20	100	120	二次负荷 VA	cosφ
a_{s1}-a_{s2}	300/5	比值差/（%）	−0.12	−0.04	−0.02	0.00	0.00	15	0.8
		相位差/（′）	+12	+5	+3	0	0		
		比值差/（%）	−0.06	+0.02	+0.04	+0.04	—	3.75	
		相位差/（′）	+9	+2	+1	0	—		
b_{s1}-b_{s2}	300/5	比值差/（%）	−0.08	−0.04	−0.04	−0.04	+0.02	15	0.8
		相位差/（′）	+9	+5	+2	+2	+1		
		比值差/（%）	0.00	+0.04	+0.04	+0.04	—	3.75	
		相位差/（′）	+6	+2	+1	+1	—		
c_{s1}-c_{s2}	300/5	比值差/（%）	−0.06	−0.06	−0.06	−0.08	−0.06	15	0.8
		相位差/（′）	+4	+4	+2	+3	+3		
		比值差/（%）	+0.10	+0.06	+0.04	+0.04	—	3.75	
		相位差/（′）	+1	0	+1	+1	—		

		样品编号：510208					
绕组	量限/V	误差　　额定值/（%）	80	100	115	二次负荷 VA	cosφ
a-n	10 000/100	比值差/（%）	−0.06	−0.06	−0.02	15	0.8
		相位差/（′）	+6	+6	+4		
		比值差/（%）	+0.04	+0.04	—	2.5	
		相位差/（′）	+2	+2	—		
b-n	10 000/100	比值差/（%）	−0.04	−0.04	0.00	15	0.8
		相位差/（′）	+6	+5	+3		
		比值差/（%）	+0.08	+0.08	—	2.5	
		相位差/（′）	+2	+2	—		
c-n	10 000/100	比值差/（%）	−0.04	−0.04	0.00	15	0.8
		相位差/（′）	+6	+6	+2		
		比值差/（%）	+0.06	+0.06	—	2.5	
		相位差/（′）	+2	+2	—		

4. 试验结论

符合要求。

5.3.5.4 变差测试

1. 试验方法和接线

组合互感器中电流互感器的变差测试与配网计量用电流互感器的测试方法相同，组合互感器中电压互感器的变差测试与配网计量用电压互感器的测试方法相同，接线方式也相同。按照上面所述方法进行试验，输出试验结果如表 5-28 所示。

表 5-28　配网计量用组合互感器变差测试结果

样品编号：510208		量限/A：300/5		绕组：a_{s1}-a_{s2}		负荷：15 VA	
测试点 误差		5% I_n		20% I_n		100% I_n	
		比值差/（%）	相位差/（'）	比值差/（%）	相位差/（'）	比值差/（%）	相位差/（'）
上升值		− 0.036	4.96	− 0.020	3.10	0.001	0.33
下降值		− 0.034	4.77	− 0.019	3.19	0.002	0.42
变差		0.002	0.19	0.001	0.09	0.001	0.06
样品编号：510208		量限/A：300/5		绕组：b_{s1}-b_{s2}		负荷：15 VA	
测试点 误差		5% I_n		20% I_n		100% I_n	
		比值差/（%）	相位差/（'）	比值差/（%）	相位差/（'）	比值差/（%）	相位差/（'）
上升值		− 0.047	4.72	− 0.040	2.41	− 0.032	1.83
下降值		− 0.049	4.86	− 0.041	2.33	− 0.032	1.76
变差		0.002	0.14	0.001	0.08	0.000	0.07
样品编号：510208		量限/A：300/5		绕组：c_{s1}-c_{s2}		负荷：15 VA	
测试点 误差		5% I_n		20% I_n		100% I_n	
		比值差/（%）	相位差/（'）	比值差/（%）	相位差/（'）	比值差/（%）	相位差/（'）
上升值		− 0.059	4.02	− 0.062	2.31	− 0.070	3.44
下降值		− 0.053	4.11	− 0.066	2.23	− 0.071	3.41
变差		0.006	0.09	0.004	0.08	0.001	0.03

样品编号：510208		量限：10 000/100		绕组：a-n		负荷：15 VA	
误差 \ 测试点	80% U_n		100% U_n		115% U_n		
	比值差/（%）	相位差/（′）	比值差/（%）	相位差/（′）	比值差/（%）	相位差/（′）
上升值	−0.060	+6.00	−0.060	+6.00	−0.020	+4.00
下降值	−0.060	+5.80	−0.060	+5.90	−0.020	+4.10
变差	0	0.2	0	0.1	0	0.1

样品编号：510208		量限：10 000/100		绕组：b-n		负荷：15 VA	
误差 \ 测试点	80% U_n		100% U_n		115% U_n		
	比值差/（%）	相位差/（′）	比值差/（%）	相位差/（′）	比值差/（%）	相位差/（′）
上升值	−0.040	+6.00	−0.040	+5.00	+3.00	+3.00
下降值	−0.049	+5.86	−0.041	+4.95	+3.00	+3.00
变差	0.009	0.14	0.001	0.05	0.000	0.00

样品编号：510208		量限：10 000/100		绕组：c-n		负荷：15 VA	
误差 \ 测试点	80% U_n		100% U_n		115% U_n		
	比值差/（%）	相位差/（′）	比值差/（%）	相位差/（′）	比值差/（%）	相位差/（′）
上升值	−0.040	+6.00	−0.040	+6.00	0.000	+2.00
下降值	−0.043	+6.11	−0.046	+6.12	−0.001	+2.01
变差	0.003	0.11	0.006	0.12	0.001	0.01

2. 试验结论

符合要求。

5.3.5.5 误差重复性测试

1. 试验方法和接线要求

组合互感器的电流互感器误差重复性测试与配网计量用电流互感器误差重复性测试的方法及接线相同。组合互感器的电压互感器误差测试与配网计量用电压互感器相同。按照上述试验方法进行试验并输出试验结果。

电流互感器误差重复性试验结果如表 5-29 所示。

表 5-29　配网计量用组合互感器电流互感器误差重复性测试结果

样品编号：510208	测试点：20%I_n			量限/A：300/5			绕组：a_{s1}-a_{s2}		负荷：15 VA	
测量次数 误差	第1次	第2次	第3次	第4次	第5次	第6次	第7次	第8次	标准偏差	试验要求
比值差/（%）	-0.020	-0.019	-0.019	-0.020	-0.021	-0.020	-0.022	-0.021	0.001 0	≤0.02
相位差/（′）	3.10	3.19	3.12	3.25	3.19	3.11	3.14	3.23	0.057	≤1

样品编号：510208	测试点：20%I_n			量限/A：300/5			绕组：b_{s1}-b_{s2}		负荷：15 VA	
测量次数 误差	第1次	第2次	第3次	第4次	第5次	第6次	第7次	第8次	标准偏差	试验要求
比值差/（%）	-0.040	-0.041	-0.043	-0.041	-0.041	-0.042	-0.041	-0.041	0.000 9	≤0.02
相位差/（′）	2.41	2.33	2.27	2.31	2.25	2.30	2.36	2.35	0.051	≤1

样品编号：510208	测试点：20%I_n			量限/A：300/5			绕组：c_{s1}-c_{s2}		负荷：15 VA	
测量次数 误差	第1次	第2次	第3次	第4次	第5次	第6次	第7次	第8次	标准偏差	试验要求
比值差/（%）	-0.062	-0.066	-0.064	-0.065	-0.066	-0.064	-0.064	-0.065	0.001 3	≤0.02
相位差/（′）	2.31	2.23	2.25	2.33	2.41	2.29	2.22	2.26	0.063	≤1

电压互感器误差重复性试验结果如表 5-30 所示。

表 5-30　配网计量用组合互感器电压互感器误差重复性测试结果

样品编号：510208	测试点：100%U_n			量限/V：10 000/100			绕组：a-n		负荷：15 VA	
测量次数 误差	第1次	第2次	第3次	第4次	第5次	第6次	第7次	第8次	标准偏差	试验要求
比值差/（%）	-0.066	-0.067	-0.067	-0.066	-0.067	-0.067	-0.066	-0.066	0.000 5	≤0.02
相位差/（′）	5.63	5.65	5.68	5.64	5.62	5.68	5.64	5.61	0.026	≤1

样品编号：510208	测试点：100%U_n			量限/V：10 000/100			绕组：b-n		负荷：15 VA	
测量次数 误差	第1次	第2次	第3次	第4次	第5次	第6次	第7次	第8次	标准偏差	试验要求
比值差/（%）	-0.034	-0.033	-0.034	-0.035	-0.034	-0.033	-0.034	-0.034	0.000 6	≤0.02
相位差/（′）	5.45	5.48	5.46	5.46	5.45	5.44	5.43	5.42	0.019	≤1

样品编号：510208	测试点：100%U_n			量限/V：10 000/100			绕组：c-n		负荷：15 VA	
测量次数 误差	第1次	第2次	第3次	第4次	第5次	第6次	第7次	第8次	标准偏差	试验要求
比值差/（%）	-0.047	-0.048	-0.047	-0.047	-0.046	-0.047	-0.048	-0.047	0.000 6	≤0.02
相位差/（′）	5.73	5.71	5.68	5.71	5.74	5.71	5.73	5.74	0.020	≤1

2. 试验结论

符合要求。

5.3.5.6 剩磁影响测试

1. 试验方法与接线

与配网计量用电流互感器的剩磁影响测试方法相同。按照此方法进行试验并输出试验结果如表 5-31 所示。

表 5-31 配网计量用组合互感器剩磁影响测试结果

样品编号：510208				绕组：a_{s1}-a_{s2}	电流比：300/5	二次负荷/VA
试验项目	误差	1%	5%	20%	100%	120%	$\cos\varphi = 0.8$
充磁后	比值差/（%）	− 0.169	− 0.078	− 0.052	− 0.025	− 0.017	
	相位差/（′）	16.69	8.16	5.67	2.52	2.01	
退磁后	比值差/（%）	− 0.117	− 0.042	− 0.024	− 0.003	0.002	15
	相位差/（′）	12.47	5.22	3.71	0.77	0.41	
误差变化量	比值差/（%）	0.052	0.036	0.028	0.022	0.019	
	相位差/（′）	4.22	2.94	1.96	1.75	1.60	
试验要求	比值差/（%）	≤0.2	≤0.09	≤0.05	≤0.05	≤0.05	
	相位差/（′）	≤8.0	≤4.0	≤2.7	≤2.7	≤2.7	

出厂编号：510208				绕组：b_{s1}-b_{s2}	电流比：300/5	二次负荷/VA
试验项目	误差	1%	5%	20%	100%	120%	$\cos\varphi = 0.8$
充磁后	比值差/（%）	− 0.145	− 0.092	− 0.077	− 0.061	− 0.002	
	相位差/（′）	14.51	8.43	4.84	4.03	3.16	
退磁后	比值差/（%）	− 0.089	− 0.052	− 0.046	− 0.034	0.021	
	相位差/（′）	9.78	4.96	2.55	2.01	1.46	15
误差变化量	比值差/（%）	0.056	0.040	0.031	0.027	0.023	
	相位差/（′）	4.73	3.47	2.29	2.02	1.70	
试验要求	比值差/（%）	≤0.2	≤0.09	≤0.05	≤0.05	≤0.05	
	相位差/（′）	≤8.0	≤4.0	≤2.7	≤2.7	≤2.7	

出厂编号：510208		1%	5%	绕组：c_{s1}-c_{s2} 20%	电流比：300/5 100%	120%	二次负荷/VA cosφ = 0.8
试验项目	误差	1%	5%	20%	100%	120%	cosφ = 0.8
充磁后	比值差/（%）	− 0.128	− 0.103	− 0.096	− 0.092	− 0.073	
	相位差/（′）	8.68	7.24	4.54	5.16	4.57	
退磁后	比值差/（%）	− 0.069	− 0.059	− 0.062	− 0.070	− 0.057	15
	相位差/（′）	4.13	4.02	2.31	3.44	2.92	
误差变化量	比值差/（%）	0.059	0.044	0.034	0.022	0.016	
	相位差/（′）	4.55	3.22	2.23	1.72	1.65	
试验要求	比值差/（%）	≤0.2	≤0.09	≤0.05	≤0.05	≤0.05	
	相位差/（′）	≤8.0	≤4.0	≤2.7	≤2.7	≤2.7	

2. 试验结论

符合要求。

5.3.5.7 过负荷能力测试

1. 试验方法及接线

接线同误差测试线路，在150%额定一次电流点进行测量。在软件系统中直接按照要求输出试验结果，如表5-32所示。

表 5-32 配网计量用组合互感器过负荷能力测试结果

样品编号：00000001			试验时间：60 s	
绕组	量限/A	额定值/（%） 误差	150	二次负荷/VA cosφ = 0.8
a_{s1}-a_{s2}	300/5	比值差/（%）	+ 0.02	15
		相位差/（′）	0	
b_{s1}-b_{s2}	300/5	比值差/（%）	+ 0.04	15
		相位差/（′）	+ 1	
c_{s1}-c_{s2}	300/5	比值差/（%）	− 0.04	15
		相位差/（′）	+ 2	

2. 试验结论

符合要求。

5.3.5.8 电压和电流的相互影响测试

1. 试验方法及接线

试验接线与误差测试接线方式相同。试验方法如下：

1）电压互感器对电流互感器的影响

电压互感器按额定负荷，工作在115%的额定电压下，电流互感器一次电流范围为（1%～120%）I_n，其在规定的负载范围内进行误差测试。

2）电流互感器对电压互感器的影响

电流互感器按额定负荷，工作在150%的额定电流下，电压互感器一次电压范围为（80%～115%）U_n，其在规定的负载范围内进行误差测试。

在上面误差测试接线的基础上选择相互影响量测试，并输出试验结果。

被试样品电流互感器的误差测试数据如表5-33所示。

表5-33 配网计量用组合互感器电压与电流互相影响测试结果（电流互感器）

绕组	量限/A	额定值/（%） 误差	1	5	20	100	120	二次负荷 VA	cosφ
a_{s1}-a_{s2}	300/5	比值差/（%）	− 0.24	− 0.08	− 0.04	0.00	0.00	15	0.8
		相位差/（′）	− 6	+ 1	+ 2	0	0		
		比值差/（%）	− 0.20	− 0.02	+ 0.02	+ 0.04	—	3.75	
		相位差/（′）	− 11	− 1	0	0			
b_{s1}-b_{s2}	300/5	比值差/（%）	− 0.30	− 0.10	− 0.06	− 0.04	0.02	15	0.8
		相位差/（′）	− 13	+ 1	+ 1	+ 2	+ 1		
		比值差/（%）	− 0.22	− 0.02	+ 0.02	+ 0.04	—	3.75	
		相位差/（′）	− 15	− 2	0	0	—		
c_{s1}-c_{s2}	300/5	比值差/（%）	− 0.22	− 0.10	− 0.08	− 0.08	− 0.06	15	0.8
		相位差/（′）	− 13	0	+ 1	+ 3	+ 3		
		比值差/（%）	− 0.06	0.00	+ 0.04	+ 0.02	—	3.75	
		相位差/（′）	− 17	− 4	0	+ 1	—		

被试样品电压互感器的误差测试数据如表5-34所示。

表 5-34　配网计量用组合互感器电压与电流互相影响测试结果（电压互感器）

		样品编号：510208						
绕组	量限/V	误差　　额定值/（%）	80	100	115	二次负荷		
						VA	cos φ	
a-n	10 000/100	比值差/（%）	− 0.02	− 0.02	− 0.02	15	0.8	
		相位差/（'）	− 1	0	0			
		比值差/（%）	− 0.02	− 0.02	/	2.5		
		相位差/（'）	− 1	− 1	/			
b-n	10 000/100	比值差/（%）	− 0.04	− 0.04	− 0.02	15	0.8	
		相位差/（'）	− 1	− 1	0			
		比值差/（%）	− 0.04	− 0.04	/	2.5		
		相位差/（'）	− 1	− 1	/			
c-n	10 000/100	比值差/（%）	− 0.02	− 0.02	− 0.02	15	0.8	
		相位差/（'）	− 1	− 1	− 1			
		比值差/（%）	− 0.02	− 0.02	/	2.5		
		相位差/（'）	− 1	− 1	/			

2. 试验结论

符合要求。

5.3.5.9　磁饱和裕度测试

1. 试验方法和接线

同配网计量用电压互感器磁饱和裕度测试。试验结果如表 5-35 所示。

表 5-35　配网计量用组合互感器电压互感器磁饱和裕度测试结果

样品编号	试品变比/V	绕组	二次绕组施加额定工频电压时的励磁电流有效值 I_{c1}/mA	二次绕组施加 2 倍额定工频电压时的励磁电流有效值 I_{c2}/mA	励磁电流比值	结论
510208	10 000/100	a-n	0.64	2.95	$I_{c2}/I_{c1}=4.6\leqslant15$	符合要求
	10 000/100	b-n	0.67	3.01	$I_{c2}/I_{c1}=4.5\leqslant15$	符合要求
	10 000/100	c-n	0.62	2.86	$I_{c2}/I_{c1}=4.6\leqslant15$	符合要求

2. 试验结论

符合要求。

5.3.5.10 绝缘电阻测试

1. 试验方法

组合互感器绝缘电阻测试方法与配网计量用电压和电流互感器的方法相同。按照要求接线完成确认无误后，开始绝缘电阻测试，进行试验并按照规定格式输出。试验结果如表 5-36 所示。

表 5-36 配网计量用组合互感器绝缘电阻测试结果

样品编号	一次绕组对二次绕组的绝缘电阻		二次绕组之间的绝缘电阻		二次绕组对地的绝缘电阻		结论
510208	A 对 a	>1 500 MΩ	a_{s1} 对 c_{s1}	>1 500 MΩ	a 对地	>1 500 MΩ	符合要求
	B 对 b	>1 500 MΩ			b 对地	>1 500 MΩ	
	C 对 c	>1 500 MΩ			c 对地	>1 500 MΩ	
	A 对 a_{s1}	>1 500 MΩ			a_{s1} 对地	>1 500 MΩ	
	B 对 b_{s1}	>1 500 MΩ			b_{s1} 对地	>1 500 MΩ	
	C 对 c_{s1}	>1 500 MΩ			c_{s1} 对地	>1 500 MΩ	

2. 试验结论

符合要求。

5.3.5.11 一次对二次及地之间的工频耐压试验

1. 试验方法和接线

试验方法同前述 5.1.5.9 和 5.2.5.9 中一次对二次及地之间的工频耐压试验。按照上述方法操作得到的试验结果如表 5-37 所示。

表 5-37 配网计量用组合互感器一次对二次及地之间的工频耐压测试结果

样品编号	测量部位	试验项目	试验电压/kV	试验时间/s	结论
510208	A 相	一次绕组工频耐压	30.6	60	符合要求
		二次绕组工频耐压	3	60	符合要求
	B 相	一次绕组工频耐压	30.6	60	符合要求
		二次绕组工频耐压	3	60	符合要求
	C 相	一次绕组工频耐压	30.6	60	符合要求
		二次绕组工频耐压	3	60	符合要求

2. 试验结论

符合要求。

5.3.5.12 电流互感器的二次绕组匝间绝缘试验

1. 试验方法与接线

试验方法与接线同配网计量用电流互感器二次绕组匝间绝缘试验，利用该方法分别对 A/B/C 三相进行试验。试验结果如表 5-38 所示。

表 5-38　配网计量用组合互感器电流互感器二次绕组匝间绝缘测试结果

样品编号	试品变比/A	试验频率/Hz	一次绕组施加额定电流时的二次绕组开路电压值/V		试验时间/s	结论
510208	300/5	50	a_{s1}-a_{s2}	312	60	符合要求
			b_{s1}-b_{s2}	301		
			c_{s1}-c_{s2}	309		

2. 试验结论

符合要求。

5.3.5.13 局部放电试验

1. 试验方法及结果

通过感应的方式，将电压上升到预加电压值，至少保持 60 s，降压使电压达到局部放电测量电压 1.2 U_m，然后在 30 s 内测量相应的局部放电水平。

试验结果如表 5-39 所示。

表 5-39　配网计量用组合互感器局部放电测试结果

样品编号	测量部位	测量电压/kV	放电量/pC			结论
			背景	标准值	测量值	
510208	A 相一次对二次及地	14.4	3	50	19	符合要求
		8.3	3	20	8	符合要求
	B 相一次对二次及地	14.4	3	50	17	符合要求
		8.3	3	20	6	符合要求
	C 相一次对二次及地	14.4	3	50	17	符合要求
		8.3	3	20	7	符合要求

2. 试验结论

符合要求。

5.4　案例试验结果分析

本章详细介绍了运用该一体化装置对配网用电压互感器、配网用电流互感器以及配网用组合互感器进行性能试验，输出的试验结果进行综合评价的方法。该一体化试验检测系统在试验过程中因设备一体化集成设计内部无须重复接线，只需对外面的被试互感器进行人工接线，降低了试验人员的工作量，也避免试验过程中的反复拆接线带来的触电等不安全因素。该互感器一体化试验测试设备可自动采集试验数据，可将数据传输至上位机进行存储打印，缩短人工记录时间和降低出错率，试验总用时在 0.5 小时左右，而采用传统的分散式设备进行试验至少需要 1 小时以上，是一体化设备的 2 倍。该一体化设备体积小，准确度高。经过试验测试与分析表明，该装置具有良好的实用性、可靠性及准确性等特点，具有实际的工程应用价值。

5.5　35 kV 及以下计量用互感器全性能评价方法

5.5.1　35 kV 及以下计量用电流互感器全性能综合评价方法

根据电流互感器的误差理论分析、相关试验规程及现有文献相关结论，计量用电流互感器共有 11 项试验项目。考虑到每个项目与电流互感器核心关键性能的相关性，赋予每项试验项目不同权重。对于核心试验项目采用一票否决制，即某项测试项目不合格，就代表电流互感器的全性能评价不合格。具体评价方法及各试验项目的权重分配如表 5-40 所示。

表 5-40　计量用电流互感器全性能试验项目权重分配及其评价方法

序号	测试项目	缺陷等级	占比/%	优	良	合格	不合格	评判标准
1	外观及铭牌标志检验	C	5	/	/	5	0	1. 标识清晰，外观洁净，美观：优； 2. 标识清晰，外观略有瑕疵：良； 3. 标识可见，外观无破损：合格； 4. 标识不清晰、缺失、信息不全、外观破损、污秽等：不合格
2	绕组极性检查	A	5	/	/	5	0	1. 极性正确：合格； 2. 极性错误：不合格

序号	测试项目	缺陷等级	占比/%	优	良	合格	不合格	评判标准
3	误差测试	A	20	20	16	12	0	1. 误差满足限值要求，且在误差限值要求60%内：优； 2. 误差满足限值要求，且在误差限值要求的80%内：良； 3. 误差满足限值要求：合格； 4. 误差不满足限值要求：不合格
4	电流互感器的变差测试	A	10	10	8	6	0	1. ≤2个修约间隔，且在2个修约间隔60%内：优； 2. ≤2个修约间隔，且在2个修约间隔80%内：良； 3. ≤2个修约间隔：合格； 4. >2个修约间隔：不合格
5	电流互感器的误差的重复性测试	A	10	10	8	6	0	1. 其比值差和相位差的实验标准差应≤1个修约间隔，且在1个修约间隔60%内：优； 2. 其比值差和相位差的实验标准差应≤1个修约间隔，且在1个修约间隔80%内：良； 3. 其比值差和相位差的实验标准差应≤1个修约间隔：合格； 4. 其比值差和相位差的实验标准差应>1个修约间隔：不合格
6	电流互感器的剩磁影响测试	A	10	10	8	6	0	1. 试验后误差满足限值要求，且与试验前误差的差值在误差限值要求20%内：优； 2. 试验后误差满足限值要求，且与试验前误差的差值在误差限值要求27%内：良； 3. 试验后误差满足限值要求，且与试验前误差的差值在误差限值要求33%内：合格； 4. 试验后误差不满足限值要求，或与试验前误差的差值大于误差限值要求33%：不合格
7	电流互感器的过负荷能力测试	A	10	10	8	6	0	1. 误差值不超过100%点限值要求的100%内：优； 2. 误差值不超过100%点限值要求的120%内：良； 3. 误差值不超过100%点限值要求的150%内：合格； 4. 误差值超过100%点限值要求的150%：不合格

续表

序号	测试项目	缺陷等级	占比/%	优	良	合格	不合格	评判标准
8	绝缘电阻测试	A	5	5	4	3	0	1. 满足规程且远大于规程要求值（10倍及以上）：优； 2. 满足规程要求且大于规程要求值（5～10倍）：良； 3. 满足规程要求：合格； 4. 不满足规程要求：不合格
9	一次对二次及地之间的工频耐压试验	A	10	/	/	10	0	1. 无闪络、无击穿：合格； 2. 有闪络或击穿：不合格
10	电流互感器的二次绕组匝间绝缘试验	A	5	5	4	3	0	1. 无任何明显变化，试验后误差值变化小于限值的1/20：优； 2. 无明显变化，试验后误差值变化小于限值的1/10：良； 3. 无变化，试验后误差值变化小于限值的1/3：合格； 4. 有放电或击穿现象或试验后误差变化大于限值1/3：不合格
11	局部放电试验	A	10	10	8	6	0	1. 满足局放要求值，且测量结果在局放要求值的60%内：优； 2. 满足局放要求值，且测量结果在局放要求值的80%内：良； 3. 满足局放要求值：合格； 4. 不满足局放要求值：不合格

说明：

（1）同一个种类样品的所有参检互感器视为一个样本。

（2）检测项目缺陷等级分为 A、B、C 三类。A 类不符合要求权值为 1.0，B 类不符合要求权值为 0.6，C 类不符合要求权值为 0.2。对于一个样本的某个检测项目发生一次或一次以上的不符合要求，均按一个不符合要求计。

（3）一个样本检测出现 A 类项目不符合要求或其他类项目不符合要求权值累计大于或等于 1.0 时，该样本试验结果判为不符合要求。

5.5.2　35 kV 及以下计量用电压互感器全性能综合评价方法

与电流互感器的全性能评价方法相类似，计量用电压互感器共 10 项试验项目，其具体评价方法及各试验项目的权重分配如表 5-41 所示。

表 5-41　计量用电压互感器全性能试验项目权重分配及其评价方法

序号	测试项目	缺陷等级	占比/%	优	良	合格	不合格	评判标准
1	外观及铭牌标志检验	C	5	—	—	5	0	1. 标识清晰，外观洁净，美观：优； 2. 标识清晰，外观略有瑕疵：良； 3. 标识可见，外观无破损：合格； 4. 标识不清晰、缺失、信息不全、外观破损、污秽等：不合格
2	绕组极性检查	A	5	—	—	5	0	1. 极性正确：合格； 2. 极性错误：不合格
3	误差测试	A	20	20	16	12	0	1. 误差满足限值要求，且在误差限值要求 60%内：优； 2. 误差满足限值要求，且在误差限值要求的 80%内：良； 3. 误差满足限值要求：合格； 4. 误差不满足限值要求：不合格
4	电压互感器的误差的重复性测试	A	10	10	8	6	0	1. 其比值差和相位差的实验标准差应≤1 个修约间隔，且在 1 个修约间隔 60%内：优； 2. 其比值差和相位差的实验标准差应≤1 个修约间隔，且在 1 个修约间隔 80%内：良； 3. 其比值差和相位差的实验标准差应≤1 个修约间隔：合格； 4. 其比值差和相位差的实验标准差>1 个修约间隔：不合格
5	电压互感器的铁芯磁饱和裕度测试	A	15	15	12	9	0	1. $I_{c2}/I_c \leqslant 9$ 倍：优； 2. $I_{c2}/I_c \leqslant 12$ 倍：良； 3. $I_{c2}/I_c \leqslant 15$ 倍：合格； 4. $I_{c2}/I_c > 15$ 倍：不合格
6	绝缘电阻测试	A	5	5	4	3	0	1. 满足规程且远大于规程要求值（10 倍及以上）：优； 2. 满足规程要求且大于规程要求值（5~10 倍）：良； 3. 满足规程要求：合格； 4. 不满足规程要求：不合格

序号	测试项目	缺陷等级	占比/%	优	良	合格	不合格	评判标准
7	一次对二次及地之间的工频耐压试验	A	10	—	—	10	0	1. 无闪络无击穿：合格； 2. 有闪络或击穿：不合格
8	二次绕组对地的工频耐压试验	A	10	—	—	10	0	1. 无闪络、无击穿：合格； 2. 有闪络或击穿：不合格
9	局部放电试验	A	10	10	8	6	0	1. 满足局放要求值，且测量结果在局放要求值的60%内：优； 2. 满足局放要求值，且测量结果在局放要求值的80%内：良； 3. 满足局放要求值：合格； 4. 不满足局放要求值：不合格
10	感应耐压试验	A	10	/	/	10	0	1. 无闪络、无击穿：合格； 2. 有闪络或击穿：不合格

5.5.3　35 kV 及以下计量用组合互感器全性能综合评价方法

类似于电流、电压互感器的全性能评价方法，计量用组合互感器共 14 项试验项目，其具体评价方法及各试验项目的权重分配如表 5-42 所示。

表 5-42　组合互感器全性能试验项目权重分配及其评价方法

序号	测试项目	缺陷等级	占比/%	优	良	合格	不合格	评判标准
1	外观及铭牌标志检验	C	5	/	/	5	0	1. 标识清晰，外观洁净，美观：优； 2. 标识清晰，外观略有瑕疵：良； 3. 标识可见，外观无破损：合格； 4. 标识不清晰、缺失、信息不全、外观破损、污秽等：不合格
2	绕组极性检查	A	5	/	/	5	0	1. 极性正确：合格； 2. 极性错误：不合格

续表

序号	测试项目	缺陷等级	占比/%	优	良	合格	不合格	评判标准
3	误差测试	A	10	10	8	6	0	1. 误差满足限值要求，且在误差限值要求60%内：优； 2. 误差满足限值要求，且在误差限值要求的80%内：良； 3. 误差满足限值要求：合格； 4. 误差不满足限值要求：不合格
4	电流互感器的变差测试	A	10	10	8	6	0	1. ≤2个修约间隔，且在2个修约间隔60%内：优； 2. ≤2个修约间隔，且在2个修约间隔80%内：良； 3. ≤2个修约间隔：合格； 4. >2个修约间隔：不合格
5	电流互感器的误差的重复性测试	A	10	10	8	6	0	1. 其比值差和相位差的实验标准差应≤1个修约间隔，且在1个修约间隔60%内：优； 2. 其比值差和相位差的实验标准差应≤1个修约间隔，且在1个修约间隔80%内：良； 3. 其比值差和相位差的实验标准差应≤1个修约间隔：合格； 4. 其比值差和相位差的实验标准差应>1个修约间隔：不合格
6	电流互感器的剩磁影响测试	A	10	10	8	6	0	1. 试验后误差满足限值要求，且与试验前误差的差值在误差限值要求20%内：优； 2. 试验后误差满足限值要求，且与试验前误差的差值在误差限值要求27%内：良； 3. 试验后误差满足限值要求，且与试验前误差的差值在误差限值要求33%内：合格； 4. 试验后误差不满足限值要求，或与试验前误差的差值大于误差限值要求33%：不合格

续表

序号	测试项目	缺陷等级	占比/%	优	良	合格	不合格	评判标准
7	电流互感器的过负荷能力测试	A	10	10	8	6	0	1. 误差值不超过100%点限值要求的100%内：优； 2. 误差值不超过100%点限值要求的120%内：良； 3. 误差值不超过100%点限值要求的150%内：合格； 4. 误差值超过100%点限值要求的150%：不合格
8	电压互感器的铁芯磁饱和裕度测试	A	5	5	4	3	0	1. $I_{c2}/I_c \leq 9$ 倍：优； 2. $I_{c2}/I_c \leq 12$ 倍：良； 3. $I_{c2}/I_c \leq 15$ 倍：合格； 4. $I_{c2}/I_c > 15$ 倍：不合格
9	绝缘电阻测试	A	5	5	4	3	0	1. 满足规程且远大于规程要求值（10倍及以上）：优； 2. 满足规程要求且大于规程要求值（5~10倍）：良； 3. 满足规程要求：合格； 4. 不满足规程要求：不合格
10	一次对二次及地之间的工频耐压试验	A	5	—	—	5	0	1. 无闪络无击穿：合格； 2. 有闪络或击穿：不合格
11	电流互感器的二次绕组匝间绝缘试验	A	5	5	4	3	0	1. 无任何明显变化，试验后误差值变化小于限值的1/20：优； 2. 无明显变化，试验后误差值变化小于限值的1/10：良； 3. 无变化，试验后误差值变化小于限值的1/3：合格； 4. 有放电或击穿现象或试验后误差变化大于限值1/3：不合格
12	局部放电试验	A	5	5	4	3	0	1. 满足局放要求值，且测量结果在局放要求值的60%内：优； 2. 满足局放要求值，且测量结果在局放要求值的80%内：良； 3. 满足局放要求值：合格； 4. 不满足局放要求值：不合格
13	电压互感器一次绕组的感应耐压试验	A	5	5	4	3	0	1. 无闪络无击穿：合格； 2. 有闪络或击穿：不合格

续表

序号	测试项目	缺陷等级	占比/%	优	良	合格	不合格	评判标准
14	电压和电流的相互影响测试	A	10	10	8	6	0	1. 误差满足限值要求，且在误差限值要求50%内：优； 2. 误差满足限值要求，且在误差限值要求的70%内：良； 3. 误差满足限值要求：合格； 4. 误差不满足限值要求：不合格

5.5.4　数据分析模型建立

利用第 4 章所述的 35 kV 及以下计量用互感器综合试验装置对互感器进行全性能试验，试验测试过程和方法如 5.1 ~ 5.3 节所述，选取不同的试品进行多次试验并输出试验结果。依据互感器全性能综合评价方法，选取 35 kV 及以下计量用电流互感器全性能测试数据报告 14 份、35 kV 及以下计量用电压互感器全性能测试数据报告 13 份以及组合互感器全性能测试数据报告 10 份，建立电流互感器综合评价模型、电压互感器综合评价模型以及组合互感器全性能测试数据综合评价模型如图 5-41 ~ 5-43 所示。

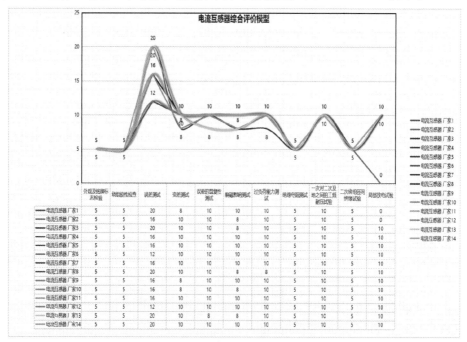

图 5-41　电流互感器综合评价模型

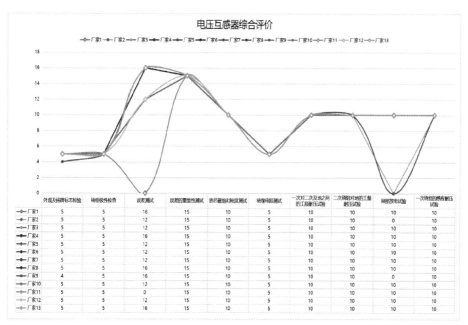

图 5-42　电压互感器综合评价模型

	外观及铭牌标志检验	绕组极性检查	误差测试	误差的重复性测试	铁芯磁饱和准确度测试	绝缘电阻测试	一次对二次及地之间的工频耐压试验	二次绕组对地的工频耐压试验	局部放电试验	一次绕组的感应耐压试验
厂家1	5	5	16	15	10	5	10	10	10	10
厂家2	5	5	12	15	10	5	10	10	0	10
厂家3	5	5	12	15	10	5	10	10	10	10
厂家4	5	5	16	15	10	5	10	10	10	10
厂家5	5	5	12	15	10	5	10	10	10	10
厂家6	5	5	12	15	10	5	10	10	10	10
厂家7	5	5	12	15	10	5	10	10	10	10
厂家8	5	5	16	15	10	5	10	10	10	10
厂家9	4	5	16	15	10	5	10	10	0	10
厂家10	5	5	12	15	10	5	10	10	10	10
厂家11	5	5	0	15	10	5	10	10	10	10
厂家12	5	5	12	15	10	5	10	10	10	10
厂家13	5	5	16	15	10	5	10	10	10	10

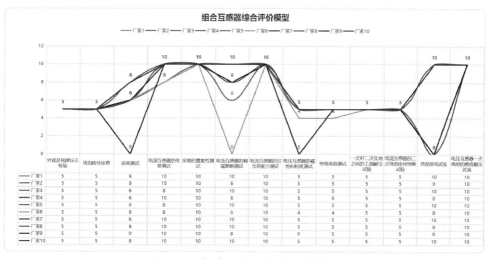

图 5-43　组合互感器综合评价模型

	外观及铭牌检验	绕组极性检查	误差测试	电流互感器的变差测试	误差的重复性测试	电压互感器的剩磁影响测试	电流互感器的过负荷能力测试	电压互感器的磁饱和和准确度测试	绝缘电阻测试	一次对二次及地之间的工频耐压试验	电流互感器的二次绕组间绝缘试验	局部放电试验	电压互感器一次绕组的感应耐压试验
厂家1	5	5	6	10	10	10	10	10	5	5	5		10
厂家2	5	5	6	10	10	6	10	10	5	5	5		10
厂家3	5	5	6	10	10	10	10	10	5	5	5	10	10
厂家4	5	5	6	10	10	8	10	10	5	5	5	0	10
厂家5	5	5	6	10	10	8	10	10	5	5	5	0	10
厂家6	5	5	6	10	10	8	10	4	5	5	5		10
厂家7	5	5	6	10	10	10	10	10	5	5	5		10
厂家8	5	5	0	10	10	10	10	10	5	5	5		10
厂家9	5	5	0	10	10	10	10	10	5	5	5		10
厂家10	5	5	8	10	10	10	10	10	5	5	5		10

　　根据上述互感器的综合评价模型，通过横向对比可清晰看出不同厂家互感器的质量差异；通过曲线纵向对比可以看出，互感器不合格项一般出现在误差测试、剩磁影响以及局放试验。因此，可以加强对这些方面的质量提升及管理。

参考文献

[1] 任元会，卞铠生，姚家祎，等. 工业与民用配电设计手册[M]. 3 版. 北京：中国电力出版社，2011.

[2] 戈东方，钟大文，等. 电力工程电气设计手册[M]. 北京：中国电力出版社，1991.

[3] 中华人民共和国住房与城乡建设部. 电力装置电测量仪表装置设计规范：GB/T 50063—2017[S]. 北京：中国计划出版社，2017.

[4] 中华人民共和国住房与城乡建设部. GB/T 50064-2014 交流电气装置的过电压保护和绝缘配合设计规范[S]. 北京：中国计划出版社，2014.

[5] 国家能源局. 电能计量装置技术管理规程：DL/T 448—2016[S]. 北京：中国电力出版社，2016.

[6] 国家能源局. 火力发电厂、变电站二次接线设计技术规程：DL/T 5136—2012[S]. 北京：中国电力出版社，2012.

[7] 国家能源局. 电测量及电能计量装置设计技术规程：DL/T 5137—2001[S]. 北京：中国电力出版社，2001.

[8] 国家能源局. 电能量计量系统设计技术规程：DL/T 5202—2004[S]. 北京：中国电力出版社，2004.

[9] 国家能源局. 配电网规划设计技术导则：DL/T 5729—2016[S]. 北京：中国电力出版社，2016.

[10] 国家质量监督检验检疫总局. 计量用低压电流互感器自动化检定系统：JJG 1139—2017[S]. 北京：中国电力出版社，2017.

[11] 杨剑，孙军，刘少波等. 特高压电力互感器现场误差测量[M]中国电力出版社，2020.08.

[12] 邓德发. 电磁式电压互感器励磁特性测试研究[J]湖北电力，2015，12.

[13] 翟少磊，朱梦梦，朱全聪. 电磁式互感器传变特性对电能计量影响的研究[C]. 第二届智能电网会议论文集，北京，2018.

[14] 谭安林，陈力夫，刘勃. 电磁式电压互感器感应耐压试验[J]. 中国计量，2018（1）：11-15.

[15] 熊魁，岳长喜，李登云，等. 高磁导率比双铁芯电流互感器原理和误差性能研究[J]. 电测与仪表，2018（9）：28-31.

[16] 樊晓鸥，董恩源，马少华. 温度及漏磁对电流互感器性能的影响[J]. 变压器，2019（5）112-116.

[17] 陈政新，龚安，于成大. 等. 装备电磁兼容性论证研究[A]. 2014年全国电磁兼容与防护技术学术会议论文集，北京，2014.

[18] 谢恒. 电气绝缘结构设计原理[M]. 北京：机械工业出版社，1993.

[19] 张施令，彭宗仁. 高压换流变阀侧SF6气体套管外绝缘结构设计[J]. 高压电器，2019（04）：78-81.

[20] 李蕊，宋玮琼，丁宁，刘士峰. 基于多种互感器的低压电能计量器具全性能检验技术[J]. 科学技术与工程，2018（06）：56-59.

[21] 王庆，屈鸣，吴维德，宋天斌，李锐超. 低压电流互感器电气综合试验检定系统设计与实现[J]. 自动化与仪器仪表，2017（01）：34-37.

[22] 操蕊竹，黄昌元. 严控电能计量端口 提高配网线损管理[J]. 中国电力企业管理，2022（09）：74-75.

[23] 唐亚军，孔碧光，赵建成，陈洁丽，贾娟. 10 kV配网线路降损治理实践[J]. 电气时代，2019（09）：42-44.

[24] 王川. 基于配网线路同期线损计算的配网线路线损管理[D]. 扬州：扬州大学，2020.

[25] 张鸿雁. 配电网线损分析及降损措施研究[D]. 北京：华北电力大学，2007.

[26] 刘彤，黄帆，姜伟，曾秀娟，吴洁，孙静. 多台位配网电压互感器自动检定系统的研究[J]. 仪器仪表标准化与计量，2020（01）：32-35.

[27] 李梦. 配网一二次融合背景下高压电能计量设备检定系统研究[D]. 南昌：南昌大学，2020.

[28] 蒋汉儒，易灿江，刘华，等. 新型电子式组合互感器研究[J]. 高压电器，2013，49（01）：77-80.

[29] 马海涛，刘亚骑. 电力计量互感器误差的现场测试技术研究[J]. 通信电源技术，2016，33（02）：87-88.

[30] 谭丽中. 电流互感器误差分析与校验[J]. 内蒙古石油化工，2013，39（05）：33-34.

[31] LI Z H, YU C Y, et al.. An online correction system for electronic voltage transformers[J]. International Journal of Electrical Power and Energy Systems，2021，126（PA）.

[32] 高帅，徐占河，赵林. 一种智能变电站电子互感器高效现场校验方案[J]. 自动化与仪器仪表，2018（12）：205-209.

[33] 梁志瑞, 董维, 刘文轩, 等. 电磁式电压互感器的铁磁谐振仿真研究[J]. 高压电器, 2012, 48（11）: 18-23.

[34] 张重远, 唐帅, 梁贵书, 孙海峰, 王涛, 黄涛, 任寅寅. 基于电磁型电压互感器传输特性的过电压在线监测方法[J]. 中国电机工程学报, 2011, 31（22）: 142-148.

[35] 徐志超, 杨玲君, 李晓明, 黎咏梅. 电容分压型电子式电压互感器扰动信号测量性能仿真研究[J]. 高压电器, 2015, 51（10）: 91-96.

[36] 李昊翔. 基于电容分压的电子式电压互感器的研究[D]. 武汉: 华中科技大学, 2011.

[37] 段梅梅, 李振华, 李红斌, 等. 电阻分压型电子式电压互感器误差分析及对电能计量的影响研究[J]. 电测与仪表, 2015, 52（02）: 59-63+79.

[38] 赵洧. 关于电阻分压的 10 kV 电子式电压互感器的研究[J]. 电子技术与软件工程, 2015（23）: 122.

[39] 彭丽. 10kV/35kV 电子式电压/电流互感器研究[D]. 武汉: 华中科技大学, 2004.

[40] 赵鹏, 赵明敏, 刘冠辰, 等. 极端温度条件下电子式电流互感器采集卡电磁抗扰度性能的实验研究[J]. 电网技术, 2020, 44（02）: 718-724.

[41] 闫艳霞, 崔建华. 基于双向直流法的电磁式电流互感器剩磁测量仪研究[J]. 电力系统保护与控制, 2015, 43（14）: 137-142.

[42] 孙腾飞. 小电流电子式电流互感器研究与设计[D]. 唐山: 华北理工大学, 2020.

[43] LIU B, XIE X D XIONG J J, et al. Electronic current transformer defects statistical analysis of intelligent substation[J]. Journal of Physics: Conference Series, 2021, 2087（1）.

[44] 胡琛, 张竹, 杨爱超, 等. 电子式电流互感器误差模型及误差状态预测方法[J]. 电力工程技术, 2020, 39（04）: 187-193.

[45] 彭澎, 张宇. 电流互感器非线性特性分析及对电能计量影响研究[J]. 现代营销（经营版）, 2019（10）: 67.

[46] 丁嘉靖. 电力互感器的宽频测量性能研究[D]. 北京: 中国电力科学研究院, 2020.

[47] 刘晓立, 杨鼎革, 高健, 牛博, 尚宇, 刘强, 徐丹. 环保型 C_4F_7N/CO_2 混合气体绝缘电流互感器绝缘特性研究[J]. 电气时代, 2020（09）: 52-55.

[48] 刘彬, 叶国雄, 童悦, 黄华. 气体绝缘开关设备的隔离开关分合操作对电子式互感器电磁兼容特性的影响[J]. 高电压技术, 2018, 44（04）: 1204-1210.

[49] 李岩松, 王兵, 刘君. 全光纤电流互感器温度特性建模分析与实验研究[J]. 中国电机工程学报, 2018, 38（09）: 2772-2782+2847.

[50] 何家亮. 电流互感器检测试验方法研究[D]. 广州: 广东工业大学, 2019.

[51] 贺欢. 电子式互感器性能检测试验的研究[D]. 大连: 大连理工大学, 2015.